21世纪高职高专教材·计算机系列

Linux 操作系统

（修订版）

竺士蒙　主编

清华大学出版社
北京交通大学出版社
·北京·

内 容 简 介

本书是为高等职业学校、高等专科学校计算机及应用专业编写的 Linux 操作系统教材。

全书共分 11 章，内容包括 Linux 操作系统安装、Linux 桌面管理、Linux 常用命令、文本文件编辑、用户管理、设备管理、DHCP 服务器、Samba 服务器、FTP 服务器、DNS 服务器和 Apache 服务器。

本书封面贴有清华大学出版社防伪标签，无标签者不得销售。
版权所有，侵权必究。侵权举报电话：010-62782989　13501256678　13801310933

图书在版编目（CIP）数据

Linux 操作系统 / 竺士蒙主编. — 北京：清华大学出版社；北京交通大学出版社，2010.2
（2023.6 修订）
ISBN 978-7-5121-0040-4

Ⅰ. ① L… Ⅱ. ① 竺… Ⅲ. ① Linux 操作系统 - 高等学校：技术学校 - 教材
Ⅳ. ① TP316.89

中国版本图书馆 CIP 数据核字（2010）第 011481 号

策划编辑：韩　乐
责任编辑：陈跃琴
出版发行：清 华 大 学 出 版 社　　邮编：100084　　电话：010-62776969
　　　　　北京交通大学出版社　　邮编：100044　　电话：010-51686414
印　刷　者：北京鑫海金澳胶印有限公司
经　　　销：全国新华书店
开　　　本：185×260　　印张：11.25　　字数：277 千字
版　印　次：2023 年 6 月第 1 版第 2 次修订　2023 年 6 月第 1 版第 10 次印刷
定　　　价：39.80 元

本书如有质量问题，请向北京交通大学出版社质监组反映。对您的意见和批评，我们表示欢迎和感谢。
投诉电话：010-51686043，51686008；传真：010-62225406；E-mail：press@bjtu.edu.cn。

前　　言

　　Linux 操作系统因其命令多，用法千变万化，读者常常会望而却步。本教材选取了 Linux 入门必备的 20 条命令，并介绍了最简单的用法。我们相信有了这个基础，以后再深化就不难了。

　　Linux 操作系统主要应用在服务器领域。本教材重点介绍了 Linux 服务器的配置与测试，实例都选自编者配置过的 Linux 服务器。

　　使用本教材一般要先学习计算机导论（或计算机基础）和 Windows 操作系统两门课程，具备使用 Windows 操作系统和 Windows 服务器的基础。本教材应在一个学期内学完，大约 64 学时。

　　感谢宁波职业技术学院姚文庆教授和屠骏元教授的指导，他们在百忙中仔细地审查了本书的编写大纲和全稿，并提出了宝贵的修改意见。

　　由于编者水平有限，书中难免有疏漏和错误之处，恳请读者批评指正。

编　者

2023 年 6 月

目 录

第 1 章　Linux 操作系统安装 ··· 1
1.1　认识 Linux ··· 1
1.2　安装 Red Hat Linux 9.0 ·· 2
1.3　安装 Linux 虚拟机 ··· 12
1.3.1　获得虚拟机软件 ··· 12
1.3.2　安装虚拟机软件 ··· 13
1.3.3　安装 Linux 虚拟机 ·· 15
1.4　Linux 实训室操作系统安装实例 ·· 17
1.5　操作题 ·· 18

第 2 章　Linux 桌面管理 ·· 19
2.1　显示设置 ··· 19
2.2　网络配置 ··· 20
2.3　GNOME 文本文件编辑器 ·· 23
2.4　文件操作 ··· 24
2.5　使用光盘 ··· 26
2.6　用户管理 ··· 27
2.7　应用程序管理 ··· 28
2.8　注销 ·· 30
2.9　操作题 ··· 31

第 3 章　Linux 常用命令 ·· 32
3.1　目录操作 ··· 32
3.1.1　pwd，cd，ls，mkdir，rmdir 命令操作 ·· 32
3.1.2　目录操作实例 ·· 38
3.2　文件操作 ··· 41
3.2.1　cp，rm，find，tar，gzip 命令操作 ·· 41
3.2.2　文件操作实例 ·· 46
3.3　其他操作 ··· 49
3.3.1　ps，kill，ping，ifconfig 命令操作 ··· 49
3.3.2　进程操作实例 ·· 51
3.4　操作题 ··· 52

I

第 4 章 文本文件编辑 53

4.1 认识文本文件编辑器 53
4.2 安装五笔字型输入法 57
4.3 用 vi 命令编辑文本文件实例 58
4.4 用 OpenOffice.org Writer 编辑文稿实例 63
  4.4.1 用 OpenOffice.org Writer 制作表格 63
  4.4.2 用 OpenOffice.org Writer 进行图文混排 66
  4.4.3 用 OpenOffice.org Writer 编辑数学公式 67
4.5 操作题 71

第 5 章 用户管理 73

5.1 认识 Linux 用户 73
5.2 用户管理有关的命令 76
5.3 用户管理操作实例 80
5.4 操作题 83

第 6 章 设备管理 87

6.1 认识 Linux 设备 87
6.2 使用光盘 89
6.3 使用 U 盘 90
6.4 使用硬盘 91
  6.4.1 硬盘分区 91
  6.4.2 建立文件系统 96
  6.4.3 装载使用 97
6.5 操作题 98

第 7 章 DHCP 服务器 99

7.1 认识 DHCP 服务器 99
7.2 DHCP 服务器配置和测试 100
  7.2.1 DHCP 服务器的配置过程 100
  7.2.2 DHCP 服务器的测试过程 102
7.3 DHCP 服务器配置和测试实例 106
7.4 操作题 109

第 8 章 Samba 服务器 110

8.1 认识 Samba 服务器 110
8.2 Samba 服务器配置和测试 110
  8.2.1 Samba 服务器的配置过程 111
  8.2.2 Samba 服务器的测试过程 113

  8.3 Samba 服务器配置和测试实例 ··········115

  8.4 操作题 ··········119

第 9 章 FTP 服务器 ··········120

  9.1 认识 FTP 服务器 ··········120

  9.2 FTP 服务器配置和测试 ··········120

    9.2.1 FTP 服务器的配置过程 ··········121

    9.2.2 FTP 服务器测试过程 ··········122

  9.3 FTP 服务器配置和测试实例 ··········123

  9.4 操作题 ··········127

第 10 章 DNS 服务器 ··········132

  10.1 认识 DNS 服务器 ··········132

  10.2 DNS 服务器配置和测试 ··········133

    10.2.1 DNS 服务器的配置过程 ··········133

    10.2.2 DNS 服务器的测试过程 ··········136

  10.3 DNS 服务器配置和测试实例 ··········138

  10.4 操作题 ··········144

第 11 章 Apache 服务器 ··········145

  11.1 认识 Apache 服务器 ··········145

  11.2 Apache 服务器配置和测试 ··········146

    11.2.1 Apache 服务器的配置过程 ··········146

    11.2.2 Apache 服务器的测试过程 ··········147

  11.3 Apache 服务器配置和测试实例 ··········148

    11.3.1 给每个用户配置一个 Web 服务器 ··········148

    11.3.2 配置基于 IP 地址的虚拟主机 ··········151

  11.4 操作题 ··········157

附录 A 服务器配置参数详解 ··········158

  A.1 DHCP 服务器配置参数详解 ··········158

  A.2 Samba 服务器配置参数详解 ··········159

  A.3 FTP 服务器配置参数详解 ··········162

  A.4 DNS 服务器配置参数详解 ··········163

  A.5 Apache 服务器配置参数详解 ··········165

附录 B 期末考试样卷 ··········167

  样卷 A（开卷，考试时间：60 分钟） ··········167

  样卷 B（开卷，考试时间：60 分钟） ··········168

参考文献 ··········169

第 1 章 Linux 操作系统安装

📖 **学习目标**

通过本章的学习，你将学会
- ◆ 进行硬盘分区
- ◆ 安装 Linux 操作系统
- ◆ 安装 Linux 虚拟机

1.1 认识 Linux

1. Linux 概述

早在 1990 年至 1991 年期间，Linus Torvalds，芬兰赫尔辛基大学的一名学生，在学习 UNIX 操作系统的过程中饶有兴趣地编写了一个 Linux 操作系统的雏形：一个在 Intel 80386 保护模式下处理多任务切换的程序，一些硬件的设备驱动程序，可以运行 Bash (Bourne Again Shell 一种用户与操作系统内核通信的软件）和 gcc（一种 C 编译器）。当时，Linus 继承了 UNIX 的传统，加入了 GNU（自由软件社区），秉承着"自由的思想，开放的源代码"的原则，吸引了互联网上众多计算机高手和黑客们的加入，Linux 操作系统得到了不断的发展和完善。

1994 年 3 月，Linux 内核 1.0 版正式发布。Marc Ewing 成立了 Red Hat software 公司，成为最著名的 Linux 分销商之一。一般来说，用户使用的都是 Linux 的发行版，比如 Red Hat、红旗、Slack ware、Suse、Turbo Linux、Open Linux、Xteam、Bluepoint 等。它们一般都包括 Linux 内核，一些 GNU 程序库和工具，命令行 shell，图形界面的 X Window 系统和相应的桌面环境，如 KDE 或 GNOME，并包含数千种办公套件、编译器、文本编辑器、科学的应用软件等。

本书首选 Red Hat Linux 9.0，其内核版本是 2.4.20-8。

2. Linux 特点

（1）开放的源代码

Linux 是在 GNU 计划下开发的，秉承"自由的思想，开放的源代码"的原则，遵循公共版权许可证。GNU 库（软件）都可以自由地移植到 Linux 上。从 Linux 操作系统核心到大多数应用程序，都可以从互联网上自由地下载，不存在盗版问题。

（2）强大的网络功能

Linux 是计算机爱好者们通过互联网协同开发出来的，它的网络功能十分强大，既可以作为网络工作站，也可以作为网络服务器，主要有 FTP、DNS、DHCP、SAMBA、Apache、邮件服务器、iptables 防火墙、路由服务、集群服务和安全认证服务等。

（3）可靠的系统安全

Linux 采取了许多安全技术措施,包括对读、写进行权限控制,带保护的子系统,审计跟踪和核心授权等,为网络多用户环境提供了必要的安全保障。

(4)完整的开发平台

Linux 支持一系列开发工具,几乎所有的主流程序设计语言都已经移植到 Linux 上,可以免费获得,如 C、C++、Pascal、Java、Perl、PHP、Fortran 和 MySQL 数据库等。

综上所述,自由软件的开放性、安全性、稳定性和低成本等特征,促使各国政府部门纷纷对 Linux 采取强有力的支持,得到了越来越多用户的认可。目前,主要的应用领域是网络服务器和嵌入式系统。

1.2 安装 Red Hat Linux 9.0

Red Hat Linux 9.0 是由 Red Hat software 公司发布的自由软件,Red Hat Linux 9.0 安装程序一般制作成 3 张安装光盘,可以从网上下载,推荐网址:http://www.lupa.gov.cn/list.php?cid=15。安装过程如下所述。

1. 启动

设置 BIOS(也称 cmos 设置),光盘是第一启动盘。

把第一张安装盘放入光驱,开始安装,显示的启动界面如图 1.1 所示,按"Enter"键。

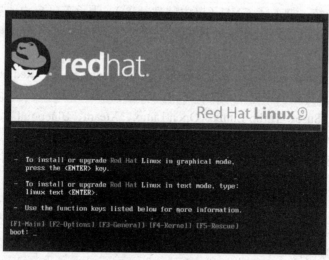

图 1.1 启动界面

2. 欢迎安装

开始安装后,系统一般要花费一段时间对计算机内配置的各种硬件进行检测,检测通过后,显示一个欢迎界面,如图 1.2 所示。单击"Next"按钮。

3. 语言选择

进入语言选择对话框,选择"简体中文",如图 1.3 所示。单击"Next"按钮。

第1章　Linux操作系统安装

图1.2　欢迎界面　　　　　　　　　　　图1.3　语言选择

4. 键盘配置

进入"键盘配置"对话框，默认选择，如图1.4所示。单击"下一步"按钮。

5. 鼠标配置

进入"鼠标配置"对话框，默认选择，如图1.5所示。单击"下一步"按钮。

图1.4　键盘配置　　　　　　　　　　　图1.5　鼠标配置

6. 选择安装类型

进入"安装类型"对话框，选择"服务器"，如图1.6所示。单击"下一步"按钮。

7. 磁盘分区设置

进入"磁盘分区设置"对话框，如图1.7所示，选择"用Disk Druid手工分区"单选按钮，单击"下一步"按钮。

（1）警告

显示"警告"对话框，如图1.8所示。单击"是"按钮。

（2）正在分区

显示"正在分区"对话框，如图1.9所示。

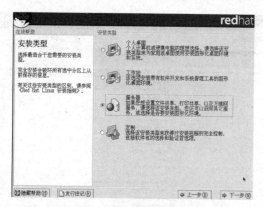 

图 1.6　选择安装类型　　　　　　　　图 1.7　磁盘分区设置

> **注意**
> 在安装 Linux 之前，最好有 8 GB 的空闲空间（空闲空间大于 5 GB 时，才允许安装所有软件包）。

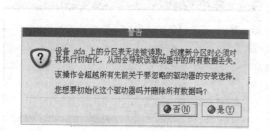 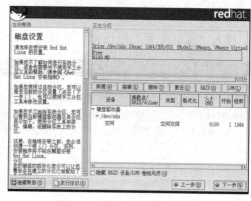

图 1.8　"警告"对话框　　　　　　　　图 1.9　"正在分区"对话框

（3）添加根分区

选中空闲空间，单击"新建"按钮，出现"添加分区"对话框，如图 1.10 所示。其中，"挂载点"选择"/"，"大小"设置为"6000"，单击"确定"按钮。

（4）添加交换(swap)分区

返回到"磁盘设置"对话框，选中空闲空间，单击"新建"按钮，显示"添加分区"对话框，如图 1.11 所示。其中，"文件系统类型"选择"swap"，"大小"设置为"1000"，单击"确定"按钮。

> **注意**
> swap 空间大小约为内存的 1～2 倍。

（5）磁盘分区设置完成

回到"磁盘设置"对话框，看到新建了两个分区"/dev/sda1"和"/dev/sda2"，如图 1.12 所示。单击"下一步"按钮。

8. 引导转载程序配置

进入"引导装载程序配置"对话框，默认选择，如图 1.13 所示。单击"下一步"按钮。

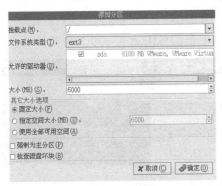

图 1.10　添加根分区

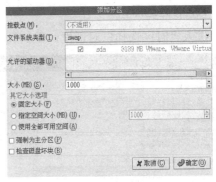

图 1.11　添加交换 (swap) 分区

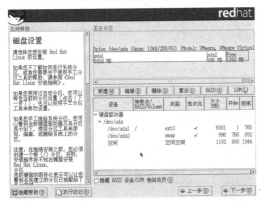

图 1.12　新建了两个分区/dev/sda1 和/dev/sda2

图 1.13　引导装载程序配置

9. 网络配置

进入"网络配置"对话框，默认选择，如图 1.14 所示。单击"下一步"按钮。

10. 防火墙配置

进入"防火墙配置"对话框，默认选择，如图 1.15 所示。单击"下一步"按钮。

图 1.14　网络配置

图 1.15　防火墙配置

11. 附加语言支持

进入"附加语言支持"对话框，默认选择，如图 1.16 所示。单击"下一步"按钮。

12. 时区选择

进入"时区选择"对话框，默认选择，如图 1.17 所示。单击"下一步"按钮。

图 1.16　附加语言支持

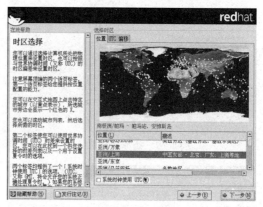

图 1.17　时区选择

13. 设置根口令

进入"设置根口令"对话框，设置好根口令，如图 1.18 所示。单击"下一步"按钮。

> **注意**
> 根口令即 root 用户的口令。根口令必须至少有 6 个字符，口令必须输入两次；如果两次输入的口令不一样，安装程序将会提示重新输入。

14. 选择软件包组

进入"选择软件包组"对话框，选中"全部"，如图 1.19 所示。单击"下一步"按钮。

图 1.18　设置根口令

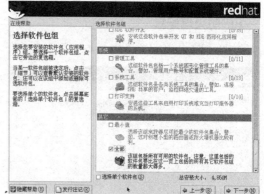

图 1.19　选择软件包组

15. 即将安装

进入"即将安装"对话框，如图 1.20 所示。单击"下一步"按钮。

16. 安装软件包

进入"安装软件包"对话框，出现软件包安装进程提示，如图 1.21 所示。

图 1.20 即将安装

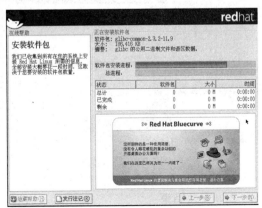
图 1.21 安装软件包

注意

依次安装好 3 张安装光盘，需要大约 30 分钟。

17. 创建引导盘

软件包安装完成后，系统会提示是否创建引导盘，选择"否，我不想创建引导盘"单选按钮，如图 1.22 所示。单击"下一步"按钮。

18. 图形化界面（X）配置

进入"图形化界面（X）配置"对话框，默认选择，如图 1.23 所示。单击"下一步"按钮。

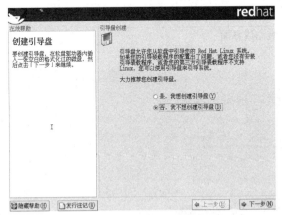
图 1.22 创建引导盘

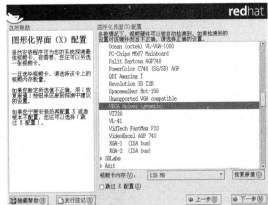
图 1.23 图形化界面（X）配置

19. 显示器配置

进入"显示器配置"对话框，默认选择，如图 1.24 所示。单击"下一步"按钮。

20. 定制图形化配置

进入"定制图形化配置"对话框，默认选择，如图 1.25 所示。单击"下一步"按钮。

图 1.24 显示器配置

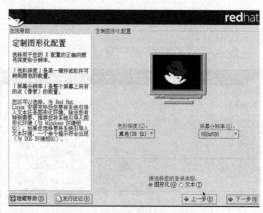
图 1.25 定制图形化配置

21. 安装结束

祝贺您，安装已完成，如图 1.26 所示。单击"退出"按钮。

图 1.26 安装完成界面

22. 进行基本配置

进入"欢迎"对话框，如图 1.27 所示。单击"前进"按钮。

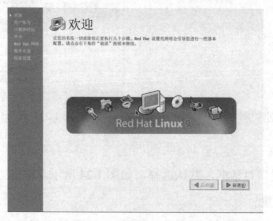
图 1.27 "欢迎"对话框

23. 用户账号设置

进入"用户账号"对话框,现在不创建用户账号,如图1.28所示。单击"前进"按钮。

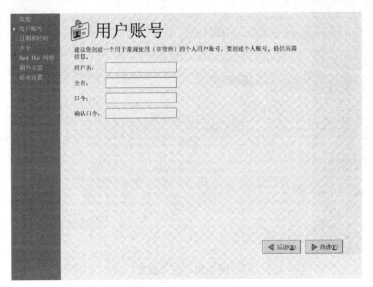

图1.28 用户账号设置

24. 日期和时间设置

进入"日期和时间"对话框,默认选择,如图1.29所示。单击"前进"按钮。

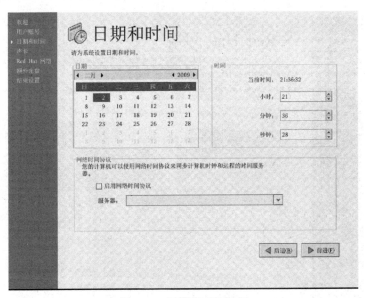

图1.29 日期和时间设置

25. 声卡设置

进入"声卡"对话框,默认选择,如图1.30所示。单击"前进"按钮。

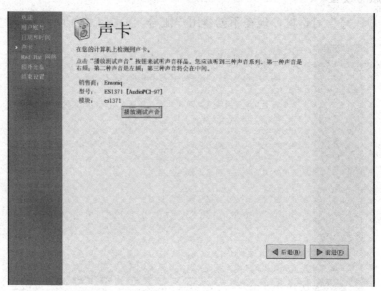

图 1.30 声卡设置

26. Red Hat 网络

进入"Red Hat 网络"对话框,选择"否,我不想注册我的系统"单选按钮,如图 1.31 所示。单击"前进"按钮。

图 1.31 Red Hat 网络

27. 额外光盘安装

进入"额外光盘"对话框,默认选择,如图 1.32 所示。单击"前进"按钮。

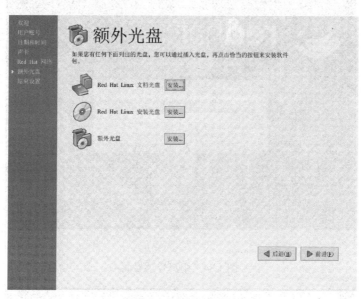

图 1.32 额外光盘安装

28. 结束设置

进入"结束设置"对话框,如图 1.33 所示。单击"前进"按钮。Red Hat Linux 9.0 的安装与设置全部完成,重新启动计算机,出现如图 1.34 所示的用户登录界面。用用户名 root 和相应的口令(参见上面的 13.设置根口令)登录后,出现如图 1.35 所示的 Linux 操作系统桌面。

图 1.33 结束设置

图 1.34 用户登录界面

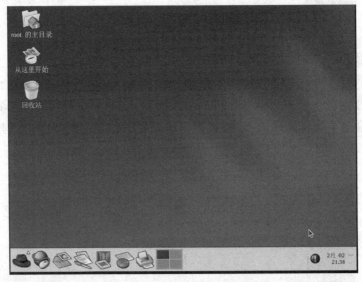

图 1.35 Linux 操作系统桌面

1.3 安装 Linux 虚拟机

1.3.1 获得虚拟机软件

虚拟机是一种软件，用它可以在一台计算机上虚拟出另一台（或多台）计算机。虚拟机即虚拟的计算机。虚拟机中也有 CPU、内存、硬盘、光驱、网卡、显卡、声卡和 USB 等设备，这些设备都是虚拟出来的（比如，虚拟机的硬盘是在文件中虚拟出来的），但是，使用起来，虚拟机和真实的计算机几乎没有什么两样。

VMware 是一个老牌的虚拟机软件，可以从网上下载，推荐网址为 http：//www.crsky.com/soft/1863.html。下面以 VMware Workstation 6.5 为例，介绍安装 Linux 虚拟机的过程。

1.3.2 安装虚拟机软件

安装虚拟机软件的具体过程如下。

（1）欢迎

运行 VMware Workstation 6.5 软件，进入欢迎对话框，如图 1.36 所示。单击"Next"按钮。

（2）安装类型

进入安装类型对话框，选中"Typical"，如图 1.37 所示。单击"Next"按钮。

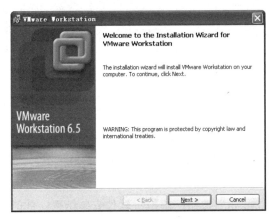

图 1.36　欢迎对话框

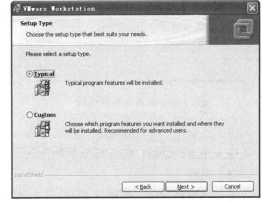

图 1.37　安装类型对话框

（3）安装路径

进入安装路径对话框，默认的安装路径是 C：\Program Files\VMware\VMware Workstation\，如图 1.38 所示，单击"Next"按钮。

（4）配置

进入配置对话框，如图 1.39 所示。单击"Next"按钮。

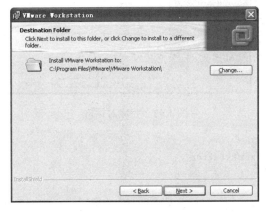

图 1.38　安装路径对话框

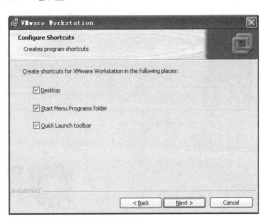

图 1.39　配置对话框

(5) 准备安装

进入准备安装对话框，如图 1.40 所示。单击"Install"按钮。

(6) 安装

进入安装窗口，开始安装如图 1.41 所示，完成后单击"Next"按钮。

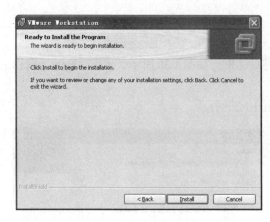

图 1.40　准备安装对话框　　　　　　图 1.41　开始安装

(7) 注册

进入注册对话框，输入该软件的注册码，如图 1.42 所示。单击"Enter"按钮。

(8) 完成

进入完成对话框，如图 1.43 所示。单击"Finish"按钮，虚拟机软件安装结束。此时在桌面上有一个虚拟机图标，如图 1.44 所示。

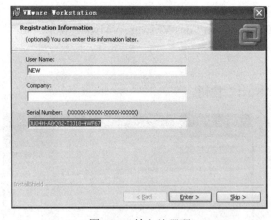 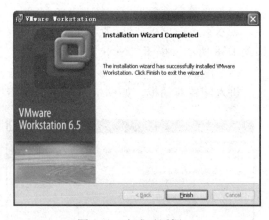

图 1.42　输入注册码　　　　　　图 1.43　完成对话框

图 1.44　虚拟机图标

1.3.3 安装 Linux 虚拟机

安装 Linux 虚拟机的具体过程如下。

（1）运行虚拟机软件

双击桌面上的虚拟机图标，运行虚拟机软件，进入虚拟机的主界面，选择"File"｜"New"｜"Virtual Machine"命令新建虚拟机，如图 1.45 所示。

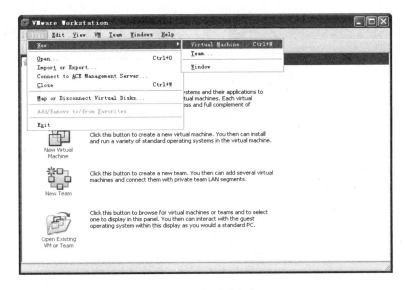

图 1.45　新建虚拟机

（2）新建虚拟机向导

进入新建虚拟机向导对话框，选择"Typical"单选按钮，如图 1.46 所示。单击"Next"按钮。

（3）操作系统安装

进入操作系统安装对话框，选择"I will install the operating system later"单选按钮，如图 1.47 所示。单击"Next"按钮。

图 1.46　新建虚拟机向导

图 1.47　操作系统安装

（4）选择操作系统

进入选择操作系统对话框，选择"Linux"，如图1.48所示。单击"Next"按钮。

（5）命名虚拟机

进入命名虚拟机对话框，默认的虚拟机名是"Red Hat Linux，"默认的安装目录是C：\Documents and Settings\Administrator\My Documents\My Virtual Machines\Red Hat Linux，如图1.49所示。单击"Next"按钮。

图1.48　选择操作系统

图1.49　命名虚拟机

（6）设置硬盘容量

进入设置硬盘容量对话框，默认的硬盘容量是8 GB，如图1.50所示。单击"Next"按钮。

（7）准备新建虚拟机

进入准备新建虚拟机对话框，如图1.51所示。单击"Finish"按钮。

图1.50　设置硬盘容量

图1.51　准备新建虚拟机

第 1 章　Linux 操作系统安装

（8）虚拟机主菜单

显示虚拟机主菜单，如图 1.52 所示。

（9）安装 Red Hat Linux 9.0 操作系统。

把第一张安装盘放入光驱，单击工具栏上绿色的三角形启动按钮，显示如图 1.53 所示的界面。进入如图 1.1 所示的启动界面。后面的安装过程参考第 1.2 节安装 Red Hat Linux 9.0，这里不再赘述。

图 1.52　虚拟机主菜单

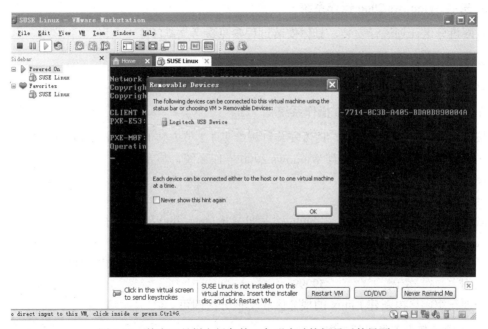

图 1.53　单击工具栏上绿色的三角形启动按钮显示的界面

1.4　Linux 实训室操作系统安装实例

1. 任务描述

现有一个 Linux 实训室，有 48 台联想扬天 M2000V 电脑，配置如下所示。
- 电脑类型：商用。
- CPU：Intel Atom 230，1.6 GHz。
- 内存：DDR2，800 MHz，1 024 MB。
- 硬盘：ATA 接口，160 GB。
- 光驱：16 倍速 DVD 光驱，支持 DVD，CD 读取。

- 显卡：集成 Intel GMA 950 高性能显卡。
- 显示器：19 寸宽屏液晶显示器。

计划要安装 Windows 2000 和 Red Hat Linux 9.0 两个操作系统，并且在 Windows 2000 操作系统中安装 Red Hat Linux 9.0 虚拟机。

2. 硬盘分区计划

硬盘（160 GB）计划分成 4 个分区。
① C 盘，50 GB，用于安装 Windows 2000、Red Hat Linux 9.0 虚拟机和其他应用软件。
② D 盘，50 GB，用作 Windows 2000 环境下的用户工作区。
③ 20 GB，用作 Red Hat Linux 9.0 环境下的根分区。
④ 2 GB，用作 Red Hat Linux 9.0 环境下的 swap 分区。

3. 安装 Windows 2000 操作系统

按硬盘分区计划进行安装，具体安装过程参见参考文献[1]。

4. 安装 Linux 虚拟机

具体安装过程参见 1.3 节安装 Linux 虚拟机。

5. 安装 Red Hat Linux 9.0 操作系统

按硬盘分区计划进行安装，具体安装过程参见 1.2 节安装 Red Hat Linux 9.0。当安装到磁盘分区设置时，硬盘已经安装有 Windows 2000 操作系统，显示如下：

硬盘驱动器
/dev/hda
/dev/hda1   ntfs   49999   （即 Windows 2000 操作系统的 C 盘）
/dev/hda2   扩展分区   49999
/dev/hda3   ntfs   49999   （即 Windows 2000 操作系统的 D 盘）
空闲   空闲   59999

只要在空闲区内新建 Linux 的根分区和交换分区即可。

6. 用硬盘备份工具进行复制

至此，一台样机安装完毕。对本样机进行运行测试，正确无误后，用硬盘备份工具进行复制。具体参见参考文献[1]。

1.5 操作题

1. 从 http://www.redflag-linux.com/d/ 下载红旗 Linux 桌面 7.0，并安装。
2. 完成 1.4 节 Linux 实训室操作系统安装实例中的样机安装。

第 2 章 Linux 桌面管理

📖 学习目标

通过本章的学习，你将学会
- ◆ 进行显示设置
- ◆ 进行网络配置
- ◆ 使用 gEdit 编辑器
- ◆ 进行文件操作
- ◆ 使用光盘
- ◆ 进行用户管理
- ◆ 进行应用程序管理
- ◆ 进行注销操作

2.1 显示设置

1. 打开"显示设置"对话框

选择"红帽子开始"|"系统设置"|"显示"，如图 2.1 所示，打开"显示设置"对话框，如图 2.2 所示。

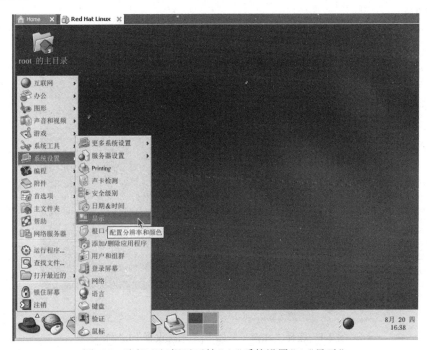

图 2.1 选择"红帽子开始"|"系统设置"|"显示"

2. 修改分辨率和色彩深度

在"显示设置"对话框中选择分辨率为"800×600",色彩深度为"上百万颜色",单击"确定"按钮,打开"信息"对话框,如图 2.3 所示,单击"确定"按钮即可。

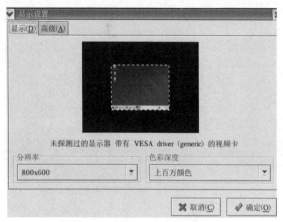

图 2.2 "显示设置"对话框

图 2.3 "信息"对话框

2.2 网络配置

1. 打开"网络配置"对话框

选择"红帽子开始"|"系统设置"|"网络",如图 2.4 所示,打开"网络配置"对话框,如图 2.5 所示。

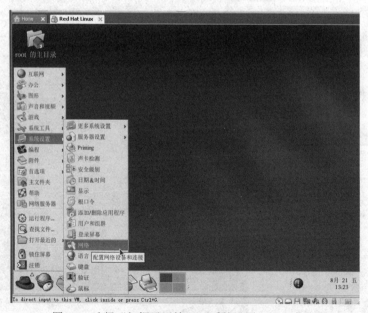

图 2.4 选择"红帽子开始"|"系统设置"|"网络"

2. 配置 IP 地址

在"网络配置"窗口中,选择工具栏中的"编辑",打开"以太网设备"对话框,如图 2.6 所示。选择"静态设置的 IP 地址",在"地址"中输入"192.168.1.200",在"子网掩码"中输入"255.255.255.0,",在"默认网关地址"中输入"192.168.1.1"。

图 2.5 "网络配置"窗口

图 2.6 "以太网设备"对话框

单击"确定"按钮,返回到"网络配置"窗口,再选择工具栏中的"激活",打开"问题"对话框,如图 2.7 所示。单击"是"按钮,打开"信息"对话框,如图 2.8 所示。单击"确定"按钮,返回到"网络配置"窗口,看到"状态"栏中已由原来的"不活跃"变为"活跃",如图 2.9 所示。

图 2.7 "问题"对话框

图 2.8 "信息"对话框

3. 配置 DNS 地址

在"网络配置"窗口中,选择"DNS"选项卡,在"主 DNS"中输入"10.31.31.31",如图 2.10 所示。注意:在关闭"网络配置"窗口时,会显示如图 2.7 所示的"问题"对话框和如图 2.8 所示的"信息"对话框，与上面一样处理即可。

图 2.9 "状态"栏中的"不活跃"变为"活跃"

图 2.10 配置 DNS 地址

4. 上网

如图 2.11 所示，选择万维网浏览器，打开互联网浏览窗口，如图 2.12 所示，就可以浏览互联网（Internet）了。

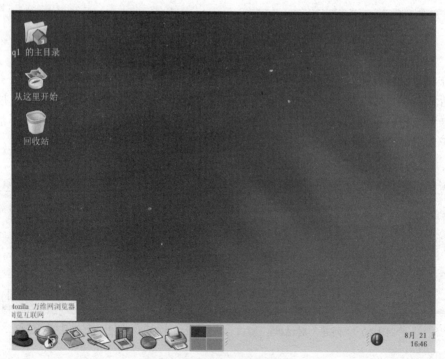

图 2.11 选择万维网浏览器

图 2.12　互联网浏览窗口

2.3　GNOME 文本文件编辑器

GNOME 是一种常用的 Linux 桌面环境。gEdit 是一种常用的 GNOME 文本文件编辑器，它提供了全面的鼠标支持，实现了标准的图形用户界面（GUI）操作。

1. 打开 gEdit 编辑器

选择"红帽子开始"｜"附件"｜"文本编辑器"，如图 2.13 所示，打开 gEdit 编辑器，如图 2.14 所示。

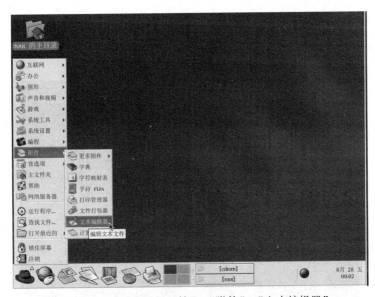

图 2.13　选择"红帽子开始"｜"附件"｜"文本编辑器"

2. 输入文本

输入"我的第一个文本文件"，如图 2.14 所示。

3. 保存文件

输入结束后,选择工具栏上的"保存",打开"另存为"对话框,输入文件名"my",如图 2.15 所示。单击"确定",该文件就保存在了默认目录"/root"中。

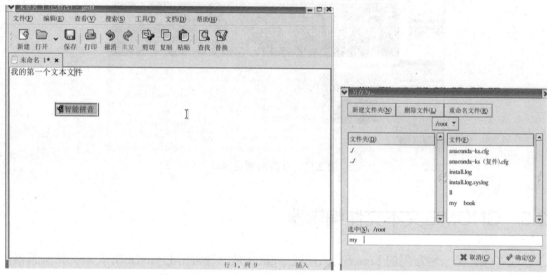

图 2.14 gEdit 编辑器　　　　　　　　图 2.15 保存文件

2.4 文件操作

1. 打开文件"/root/my"

如图 2.16 所示,选择桌面上的"root 的主目录",打开"root 的主目录"文件夹,如图 2.17 所示。

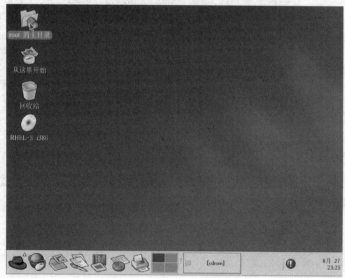

图 2.16 选择桌面上的"root 的主目录"

第 2 章　Linux 桌面管理

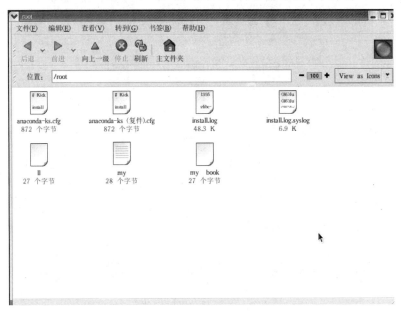

图 2.17　打开"root 的主目录"文件夹

2. 复制文件"/root/my"

选中文件"my",单击鼠标右键,打开快捷菜单,选择"复制文件",如图 2.18 所示,再在该窗口的空白处,单击鼠标右键,打开快捷菜单,选择"粘贴文件",如图 2.19 所示,在窗口空白处出现了文件"my"的复制件,文件名为"my(复件)"。

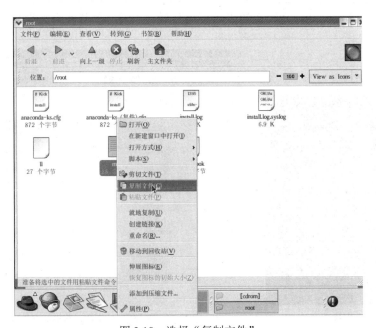

图 2.18　选择"复制文件"

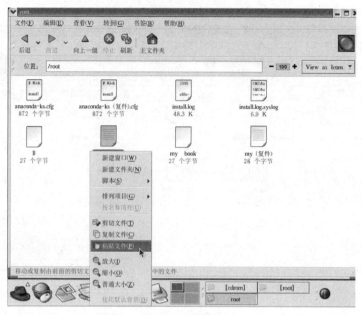

图2.19 选择"粘贴文件"

2.5 使用光盘

Red Hat Linux 9.0 能自动识别光盘，把光盘放入光驱，桌面上就会出现光盘图标，如图 2.20 所示。

双击该图标打开光盘，进行文件（或文件夹）的浏览等操作，如图 2.21 所示。其中，"位置"中的"/mnt/cdrom"，称为默认的光盘使用目录（参见 6.2 节使用光盘）。

图2.20 桌面上出现光盘图标

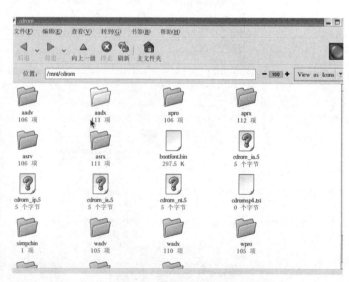

图2.21 进行文件（或文件夹）的浏览等操作

2.6 用户管理

1. 打开用户管理器窗口

选择"红帽子开始"|"系统设置"|"用户和组群",如图 2.22 所示,打开用户管理器窗口,如图 2.23 所示。

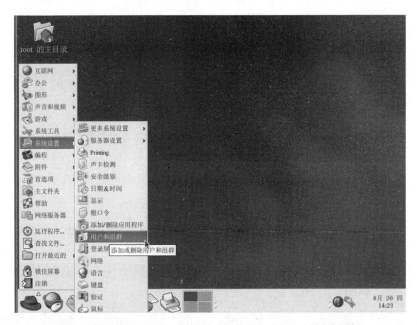

图 2.22 选择"红帽子开始"|"系统设置"|"用户和组群"

图 2.23 用户管理器窗口

2. 新建一个普通用户 q1

在用户管理器窗口中,选择工具栏中的"添加用户",打开"创建新用户"对话框,如图 2.24 所示。在"用户名"、"口令"和"确认口令"中依次输入"q1"、"root123"和"root123",单击"确定"按钮,返回到用户管理器窗口,显示新建了一个用户名 q1,如图 2.25 所示。

图 2.24　创建新用户 q1

图 2.25　新建了一个普通用户 q1

2.7　应用程序管理

1. 打开"软件包管理"对话框

选择"红帽子开始"|"系统设置"|"添加/删除应用程序",如图 2.26 所示,打开"软件包管理"对话框,如图 2.27 所示。

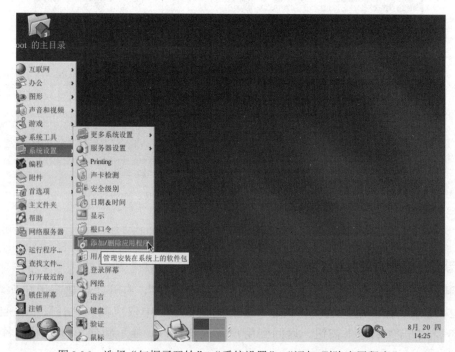

图 2.26　选择"红帽子开始"|"系统设置"|"添加/删除应用程序"

2. 添加/删除应用程序

在"软件包管理"对话框中,共有"桌面"、"应用程序"、"服务器"、"开发"和"系统"这五大类软件。选择"应用程序"中的"游戏和娱乐"复选框(在"游戏和娱乐"前的方框里单击一下,方框里的"√"就去掉了),如图 2.28 所示,再单击"更新"按钮,即删除了该软件包。

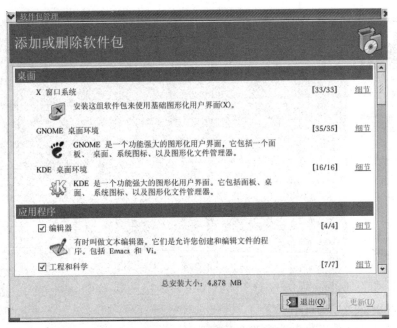

图 2.27 "软件包管理"对话框

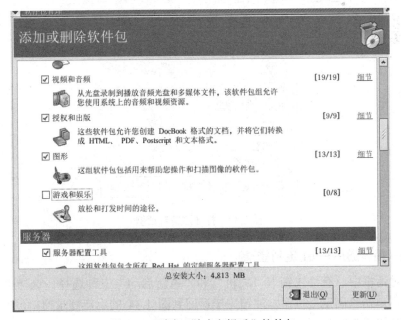

图 2.28 删除"游戏和娱乐"软件包

2.8 注销

1. 打开注销窗口

选择"红帽子开始"|"注销",如图 2.29 所示。打开注销对话框,如图 2.30 所示。

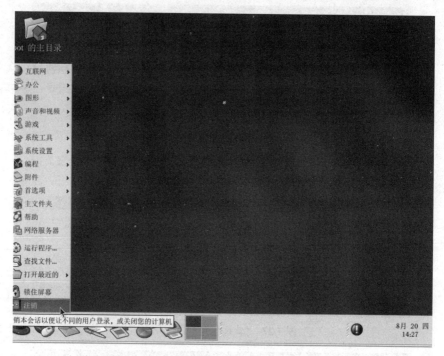

图 2.29　选择"红帽子开始"|"注销"

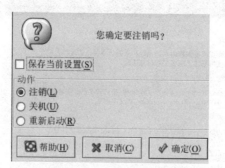

图 2.30　打开注销对话框

2. 注销(用普通用户 q1 重新登录)

在注销对话框中,有"注销"、"关机"和"重新启动"三种选择。选择"注销",如图 2.30 所示,再单击"确定"按钮,注销完毕返回到图 1.34 的用户登录窗口,用普通用户 q1 登录后的界面如图 2.31 所示。

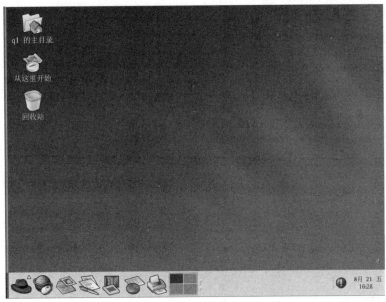

图 2.31 普通用户 q1 登录后的界面

2.9 操作题

1. 用超级用户 root 登录，新建普通用户 user1，并用普通用户 user1 登录。

2. 用超级用户 root 登录，安装 DHCP，DNS，FTP，Samba，Apache 等服务器软件（若已经安装，请先删除）。

3. 编辑一个文本文件，内容如下：

  📖 学习目标

    通过本章的学习，你将学会

     ◆ 进行显示设置

     ◆ 进行网络配置

     ◆ 使用 gEdit 编辑器

     ◆ 进行文件操作

     ◆ 使用光盘

     ◆ 进行用户管理

     ◆ 进行应用程序管理

     ◆ 进行注销操作

将该文件保存在/root 目录中，文件名为"我的文件"。

4. 配置实际的 IP 地址和 DNS 地址，浏览网页，网址为 http://www.lupa.gov.cn。

5. 关机。

第 3 章 Linux 常用命令

📖 **学习目标**

通过本章学习，你将学会
- ◆ 新建、删除、改变和显示目录
- ◆ 显示当前目录下的文件和子目录信息
- ◆ 查找、压缩、备份、复制、删除文件或子目录信息
- ◆ 查询和杀死进程
- ◆ 查询网络连通性
- ◆ 查询网卡的 IP 地址和物理地址

3.1 目录操作

3.1.1 pwd，cd，ls，mkdir，rmdir 命令操作

1. 打开命令窗口

在 Linux 桌面的空白处，单击鼠标右键，弹出快捷菜单，如图 3.1 所示。在快捷菜单中选择"新建终端"，打开命令窗口（也称终端窗口），如图 3.2 所示。或者，选择"红帽子开始"|"系统工具"|"终端"，同样可以打开命令窗口。如图 3.3 所示。

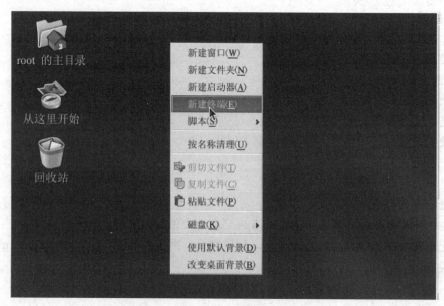

图 3.1 快捷菜单

第 3 章　Linux 常用命令　　33

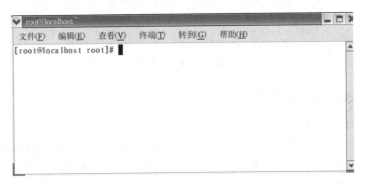

图 3.2　命令窗口

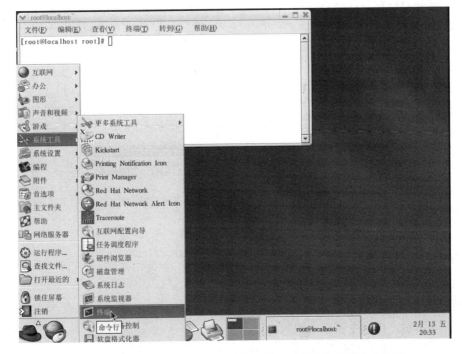

图 3.3　选择"红帽子开始"|"系统工具"|"终端"打开命令窗口

2. pwd 命令：显示当前目录

使用方式：pwd

说明：执行 pwd 指令可立刻得知当前所在的工作目录的绝对路径名称。

如图 3.4 所示，在命令窗口中输入：

[root@localhost root]# pwd

（其中，[root@localhost　root]#是命令窗口的提示符，不用输入。）

结果显示：/root

表示当前目录是/root。

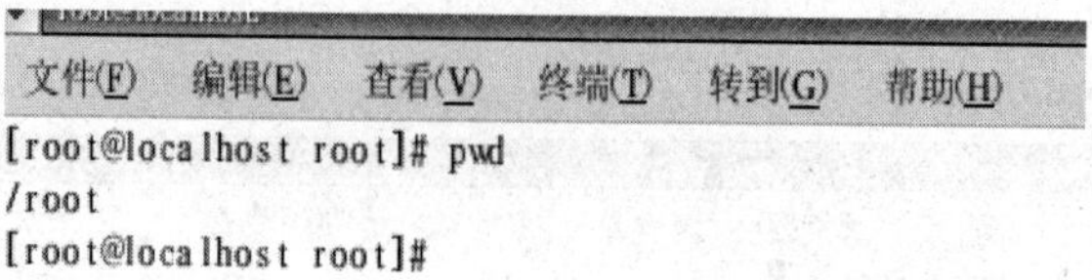

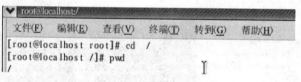

图 3.4 pwd 命令

3. cd 命令：改变当前目录

使用方式： cd　[目录名]

说明：改变当前目录至 [目录名]。其中若[目录名]省略，则变换至使用者的用户主目录，也就是刚签到（login）时所在的目录。或者，也可以用 "-" 表示用户主目录，用 "." 表示当前所在的目录，用 ".." 表示当前所在的目录的上一层目录。

如图 3.5 所示，在命令窗口中输入：

`[root@localhost root]# cd /`

看到命令窗口的提示符变成：

`[root@localhost /]#`

说明当前目录由 root 变成了 /（根目录）。再输入：

`[root@localhost /]# pwd`

显示结果：

/

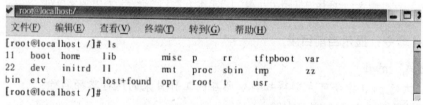

图 3.5 cd 命令

4. ls 命令：显示当前目录下的文件和子目录

使用方式：ls

说明：显示当前目录所包含的文件和子目录。

如图 3.6 所示，在命令窗口中输入：

`[root@localhost /]# ls`

```
[root@localhost /]# ls
11   boot  home    lib              misc  p     rr    tftpboot  var
22   dev   initrd  ll               mnt   proc  sbin  tmp       zz
bin  etc   l       lost+found       opt   root  t     usr
[root@localhost /]#
```

图 3.6 ls 命令

看到根目录（/）下有许多文件和文件夹。如下目录后面要经常用到，请熟记。

/root　　　　root 用户（超级用户）的用户主目录
/dev　　　　设备文件目录
/etc　　　　配置文件目录

/home   普通用户的用户主目录的上一级目录

下面我们分别用 cd 命令进入上述各个目录,去看看这些目录下有哪些文件和目录。

(1) 显示/root 目录下的文件和目录

如图 3.7 所示,在命令窗口中输入:

[root@localhost /]# cd /root

root 前面的"/"可以省略,因为当前目录就是/。看到命令窗口的提示符变成:

[root@localhost root]#

说明当前目录由/变成了/root。再输入:

[root@localhost root]# ls

显示/root 目录下有许多文件和目录。

图 3.7 /root 目录下的文件和目录

其中 install.log 和 install.log.syslog 文件是 Red Hat Linux 9.0 安装后就有的文件。

(2) 显示/dev 目录下的文件和目录

在命令窗口中输入:

[root@localhost root]# cd /dev

dev 前面的"/"不可以省略,因为当前目录是 root,而不是/。看到命令窗口的提示符变成:

[root@localhost dev]#

说明当前目录由/root 变成了/dev。再输入:

[root@localhost dev]# ls

显示/dev 目录下有很多文件和目录,其中部分的文件和目录如图 3.8 所示。

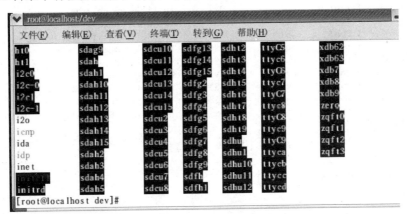

图 3.8 /dev 目录下的文件和目录

(3) 显示/etc 和 /home 目录下的文件和目录

请读者自己完成。

扩充

ls-l 命令：以完整格式显示当前目录下的文件和目录

在命令窗口中输入：

`[root@localhost root]# ls -l`

可以看到每个文件（或目录）占一行，每一行有7个列，即7个内容，从左到右分别是文件（或目录）类型和权限、链接方式、主人、所属的组、长度、创建时间、名字。如图3.9所示。

下面只介绍文件（或目录）类型和权限。

共有10个符号，第一个符号代表文件（或目录）类型。"-"表示普通文件，"d"表示目录。其他的类型以后用到了再介绍。

其余2~10个符号，分成3组，每组3个，分别是 r (-)，w (-)，x (-)，分别表示可读（不可读）、可写（不可写）、可执行（不可执行）三种权限。第一组(左面)表示该文件或文件夹的主人具有的权限，第二组（中间）表示与该主人同一组的人具有的权限，第三组（右面）表示既不是主人也不是与该主人同一组的所有其他人具有的权限。

图3.9中的第一个文件的类型和权限如下：

-rw-r--r--

表示一个普通文件，文件主人（root）的权限是可读、可写、不可执行，和文件主人同一组（组名也是 root）的权限是可读、不可写、不可执行，不是主人也不是和该主人同一组的所有其他人的权限是可读、不可写、不可执行。

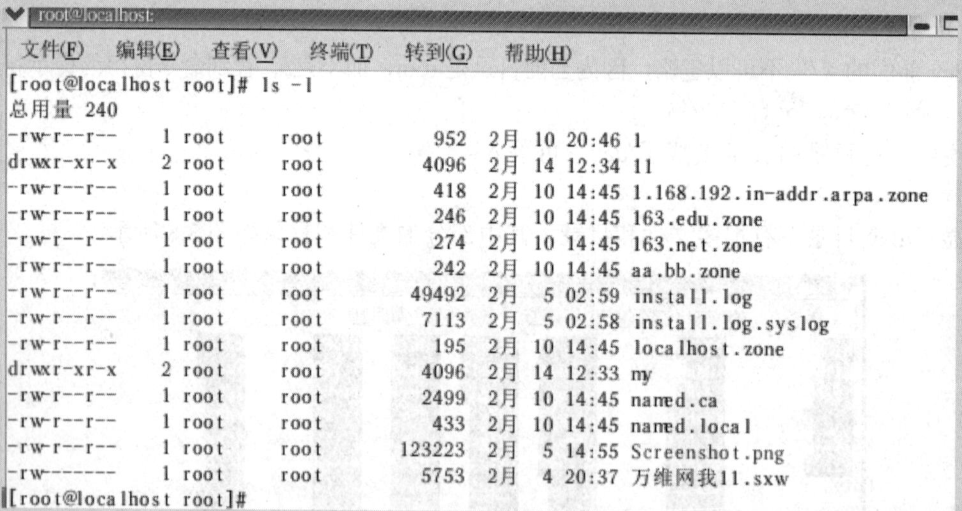

图3.9 ls-l 命令

图3.9中的第二个文件的类型和权限如下：

drwxr-xr-x

表示一个目录，主人（root）的权限是可读、可写、可执行，和文件主人同一组（组名也是 root）的权限是可读、不可写、可执行，不是主人也不是和该主人同一组的所有其他人的权限是可读、不可写、可执行。

5. mkdir 命令：新建子目录

使用方式：mkdir　　[目录名]

说明：建立名称为 [目录名] 的子目录。

在命令窗口中输入：

[root@localhost root]# mkdir /my

以下进行验证。新建了一个子目录/my。再输入：

[root@localhost root]# cd /

[root@localhost /]# ls

显示新建了一个子目录/my，如图 3.10 所示。再输入：

[root@localhost /]# ls -l

显示类型是"d"，确认 my 是目录名。如图 3.11 所示。

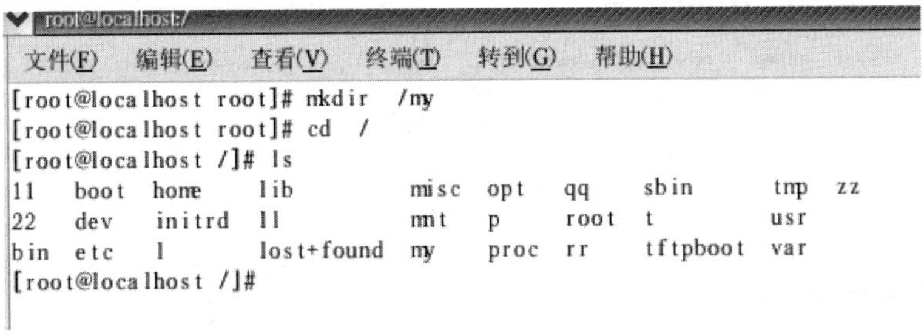

图 3.10　新建子目录/my

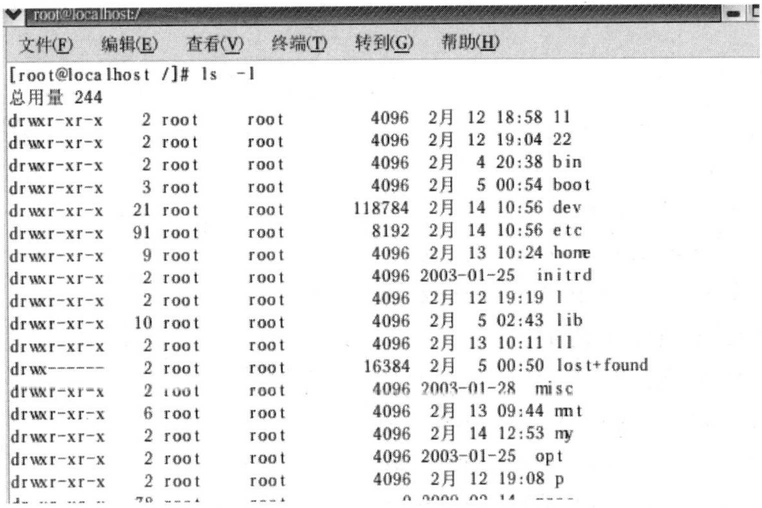

图 3.11　确认 my 是目录名

6. rmdir 命令：删除子目录

使用方式：rmdir　　[目录名]
说明：删除空的子目录。

> **注意**
> 删除目录操作千万小心，不得删除系统目录。

在命令窗口中输入：

`[root@localhost /]# rmdir my`

目录 my 已删除。

以下进行验证。

再输入：

`[root@localhost /]# ls`

显示 my 目录已被删除，如图 3.12 所示。

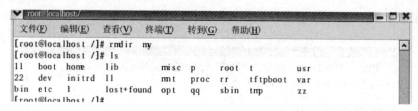

图 3.12 删除子目录

3.1.2 目录操作实例

在根目录下面，建两个子目录 root1 和 root2。再在子目录 root1 下面建两个子目录，分别是 root11 和 root12。在子目录 root2 下面建两个子目录，分别是 root21 和 root22。最后删除这个目录树。

1. 建立目录树

（1）建子目录 root1 和 root2

在命令窗口中输入：

`[root@localhost root]# cd /`

`[root@localhost /]# mkdir root1`

`[root@localhost /]# mkdir root2`

（2）建子目录 root11 和 root12

在命令窗口中输入：

`[root@localhost /]# cd /root1`

`[root@localhost root1]# mkdir root11`

`[root@localhost root1]# mkdir root12`

（3）建子目录 root21 和 root22

在命令窗口中输入：

`[root@localhost root1]# cd /root2`

`[root@localhost root2]# mkdir root21`

`[root@localhost root2]# mkdir root22`

如图 3.13 所示。

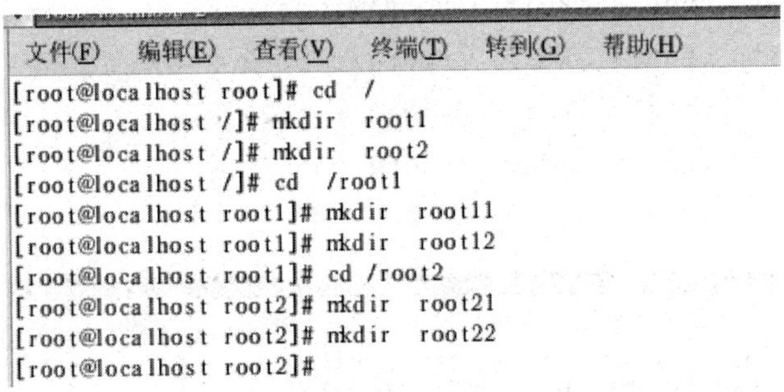

```
[root@localhost root]# cd /
[root@localhost /]# mkdir root1
[root@localhost /]# mkdir root2
[root@localhost /]# cd /root1
[root@localhost root1]# mkdir root11
[root@localhost root1]# mkdir root12
[root@localhost root1]# cd /root2
[root@localhost root2]# mkdir root21
[root@localhost root2]# mkdir root22
[root@localhost root2]#
```

图 3.13 建立目录树

2. 删除目录树

（1）删除子目录 root21 和 root22

在命令窗口中输入：

```
[root@localhost root2]# rmdir root21
[root@localhost root2]# rmdir root22
```

（2）删除子目录 root11 和 root12

在命令窗口中输入：

```
[root@localhost root2]# cd /root1
[root@localhost root1]# rmdir root11
[root@localhost root1]# rmdir root12
```

（3）删除子目录 root1 和 root2

在命令窗口中输入：

```
[root@localhost root1]# cd /
[root@localhost /]# rmdir root1
[root@localhost /]# rmdir root2
```

如图 3.14 所示。

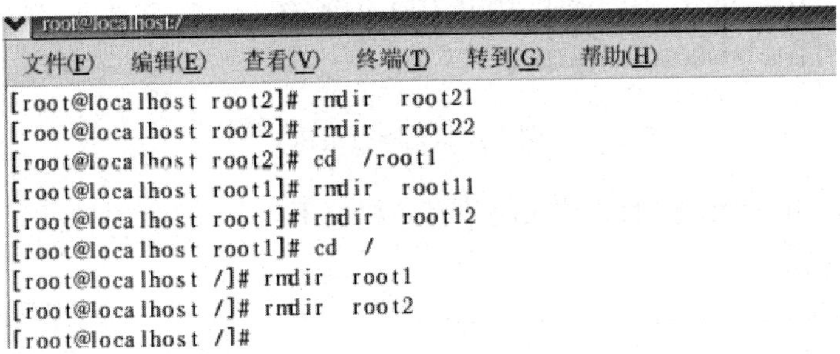

```
[root@localhost root2]# rmdir root21
[root@localhost root2]# rmdir root22
[root@localhost root2]# cd /root1
[root@localhost root1]# rmdir root11
[root@localhost root1]# rmdir root12
[root@localhost root1]# cd /
[root@localhost /]# rmdir root1
[root@localhost /]# rmdir root2
[root@localhost /]#
```

图 3.14 删除目录树

也可以用另一种方法来建立和删除目录树。

在命令窗口中输入：

```
[root@localhost root]# mkdir /root1
```

```
[root@localhost root]# mkdir /root2
[root@localhost root]# mkdir /root1/root11
[root@localhost root]# mkdir /root1/root12
[root@localhost root]# mkdir /root2/root21
[root@localhost root]# mkdir /root2/root22
```
如图 3.15 所示。

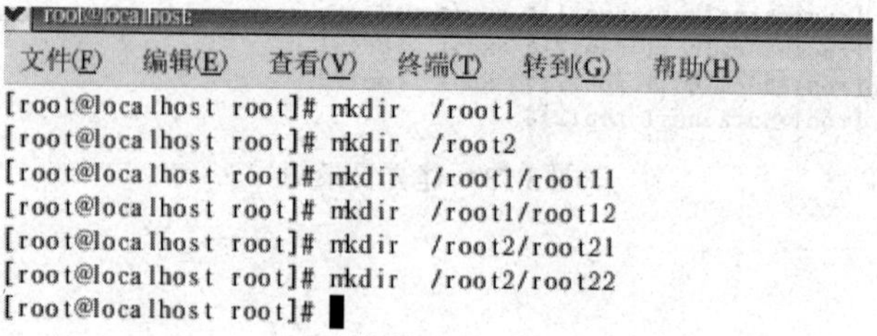

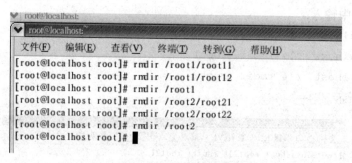

图 3.15　建立目录树

再在命令窗口中输入：

```
[root@localhost root]# rmdir /root1/root11
[root@localhost root]# rmdir /root1/root12
[root@localhost root]# rmdir /root1
[root@localhost root]# rmdir /root2/root21
[root@localhost root]# rmdir /root2/root22
[root@localhost root]# rmdir /root2
```

如图 3.16 所示。

图 3.16　删除目录树

请读者试试，用下面这样的方法来删除目录树行不行。

在命令窗口中输入：

```
[root@localhost root]# rmdir /root1
[root@localhost root]# rmdir /root2
[root@localhost root]# rmdir /root1/root11
[root@localhost root]# rmdir /root1/root12
[root@localhost root]# rmdir /root2/root21
[root@localhost root]# rmdir /root2/root22
```

3.2 文件操作

3.2.1 cp，rm；find，tar，gzip 命令操作

1. cp 命令：复制文件或目录

使用方式：cp [源文件] [目标文件] .

说明：将一个源文件备份到另一个目标文件。

在命令窗口中输入：

[root@localhost root]# cp /etc/yp.conf /root/aa

把/etc 目录下的文件 yp.conf 复制到/root 目录下，文件名为 aa。

以下进行验证。

再输入：

[root@localhost root]# ls

可以看到有一个新的文件 aa。如图 3.17 所示。

图 3.17　cp 命令

2. rm 命令：删除文件

使用方式：rm [文件名]

说明：删除文件。

在命令窗口中输入：

[root@localhost root]# rm aa

显示结果：

rm：是否删除一般文件 'aa'？

输入 y，即删除了文件/root/aa。

以下进行验证。

再输入：

[root@localhost root]# ls

文件/root/aa 确认已被删除。如图 3.18 所示。

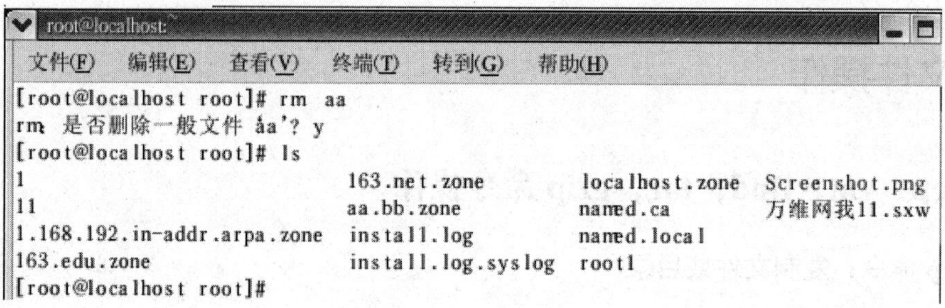

```
文件(F) 编辑(E) 查看(V) 终端(T) 转到(G) 帮助(H)
[root@localhost root]# rm aa
rm: 是否删除一般文件 'aa'? y
[root@localhost root]# ls
1                               163.net.zone        localhost.zone  Screenshot.png
11                              aa.bb.zone          named.ca        万维网我11.sxw
1.168.192.in-addr.arpa.zone     install.log         named.local
163.edu.zone                    install.log.syslog  root1
[root@localhost root]#
```

图 3.18 rm 命令

3. find 命令：查找文件或目录

使用方法：find [路径目录] [表达式]

说明：把指定的路径目录中符合表达式的文件列出来。表达式可以是文件的名称、类别、时间、大小、权限等。

如果路径目录为空，则使用当前的工作目录。

表达式中可使用的选项有二三十个之多，常用的如下：

- -name 文件名——指明要查找的文件名，支持通配符“*”和“？”；
- -user 用户名——查找文件的拥有者为“用户名”的文件；
- -group 组名——查找文件的所属组为“组名”的文件；
- -atime n——指明查找前第 n 天访问过的文件；
- -atime +n——指明查找前 n 天之前访问过的文件；
- -atime –n——指明查找前 n 天之后访问过的文件；
- -size n——指明查找文件大小为 n 块（block）的文件；
- -print——查找结果输出到标准设备。

在命令窗口中输入：

```
[root@localhost root]# find / -name login -print
```

表示在根目录下查找文件名为 login 的文件，并把查找的结果打印出来。如图 3.19 所示，结果显示许多文件夹下都有文件 login。

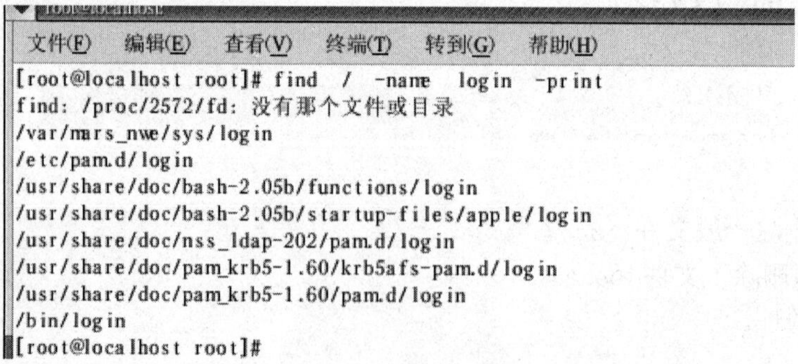

```
文件(F) 编辑(E) 查看(V) 终端(T) 转到(G) 帮助(H)
[root@localhost root]# find / -name login -print
find: /proc/2572/fd: 没有那个文件或目录
/var/mars_nwe/sys/login
/etc/pam.d/login
/usr/share/doc/bash-2.05b/functions/login
/usr/share/doc/bash-2.05b/startup-files/apple/login
/usr/share/doc/nss_ldap-202/pam.d/login
/usr/share/doc/pam_krb5-1.60/krb5afs-pam.d/login
/usr/share/doc/pam_krb5-1.60/pam.d/login
/bin/login
[root@localhost root]#
```

图 3.19 查找文件名为 login 的文件

再输入：

```
[root@localhost root]# find / -name login* -print
```

表示在根目录下，查找所有以 login 字符开头的文件。如图 3.20 所示，显示查找到更多以 login 字符开头的文件。

图 3.20 查找所有以 login 字符开头的文件

再输入：

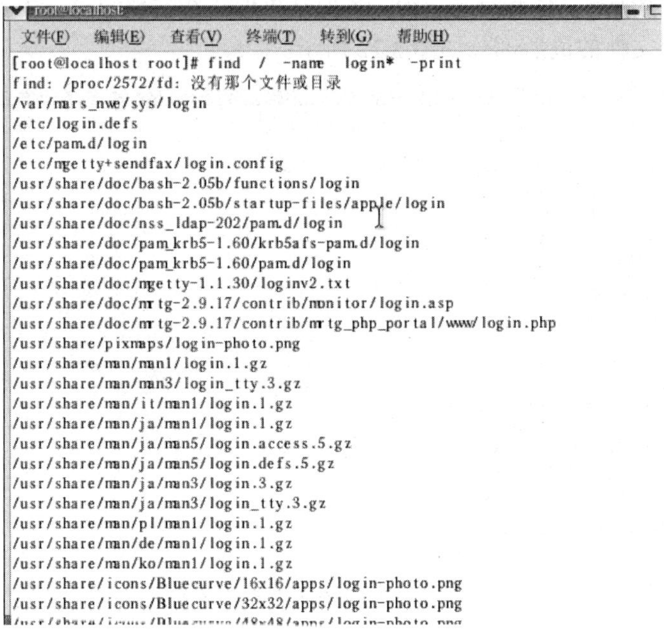

[root@localhost root]# find / -name login? -print

表示在根目录下查找以 login 开头再加任一字符的名件。如图 3.21 所示，可以看到没有找到 login 再加任意一个字符的文件。

图 3.21 查找所有以 login 开头再加任意一个字符的文件

4. tar 命令：备份

使用方法：tar [参数] [文件名] [目录名]

说明：备份一个目录，以一个文件形式保存，以备需要时恢复。

参数可选项：

- -c——创建一个新的文件；
- -x——从文档文件中恢复被备份的文件；
- -z——用 zip 命令压缩或用 unzip 解压；
- -f——使用档案文件或设备，这个选项通常是必需的；
- -v——列出处理过程中的详细信息。

在命令窗口中输入：

[root@localhost root]# tar -cvf etc.tar /etc

把/etc 目录下的所有文件和目录备份，备份结果保存在文件 etc.tar 中。/etc 目录下有很多文件和目录，备份文件的最后部分如图 3.22 所示。

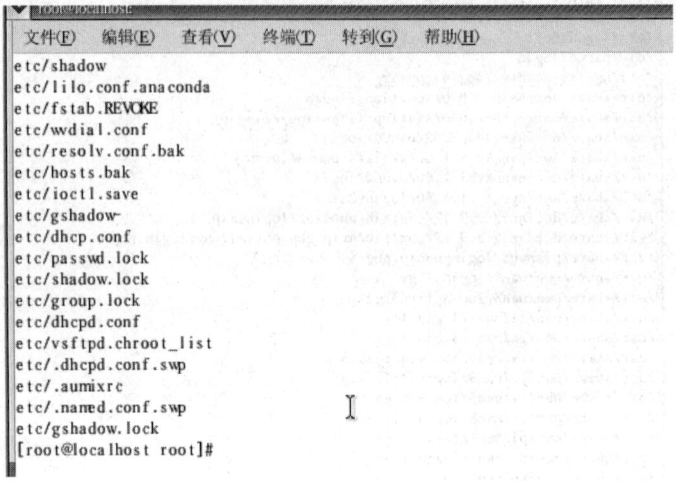

图 3.22　备份文件的最后部分

再输入：

[root@localhost root]# ls

显示备份文件 etc.tar（红色），如图 3.23 所示。

图 3.23　显示备份文件 etc.tar

再输入：

[root@localhost root]# cd /
[root@localhost /]# tar -xvf /root/etc.tar

把保存在目录/root 里的备份文件 etc.tar 恢复到原来的/etc 目录中，即现在/etc 目录中的内容全部变成原来/etc 目录中的内容。

5. 命令：gzip 压缩

使用方法：gzip　[文件名]

说明：gzip 是个使用广泛的压缩程序，文件经它压缩过后，其名称后面会多出.gz 的扩展名。

在命令窗口中输入：

`[root@localhost /]# gzip /root/etc.tar`

生成压缩文件/root/etc.tar.gz。

再输入：

`[root@localhost /]# cd /root`

`[root@localhost root]# ls`

如图 3.24 所示，可以看到有一个压缩文件 etc.tar.gz（红色），比原文件 etc.tar 多了一个后缀.gz。

图 3.24　显示压缩文件 etc.tar.gz

再输入：

`[root@localhost root]# ls -l`

如图 3.25 所示，显示压缩文件 etc.tar.gz 的长度是"3148130"。

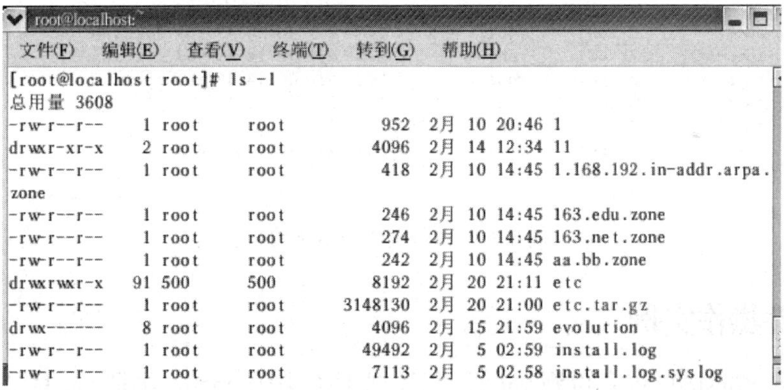

图 3.25　显示压缩文件 etc.tar.gz 的长度

6. gunzip 命令：解压缩

使用方法：gunzip [文件名]

说明：gzip 是个使用广泛的解压缩程序，文件经它解压缩过后，其名称后面的.gz 扩展名自动去掉。

在命令窗口中输入：

`[root@localhost root]# gunzip etc.tar.gz`

解压缩文件 etc.tar.gz。再输入：

`[root@localhost root]# ls`

如图 3.26 所示,可以看到,压缩文件 etc.tar.gz 被解压缩了,恢复为原来的备份文件 etc.tar。

图 3.26 解压缩文件 etc.tar.gz

再输入:

[root@localhost root]# ls -l

如图 3.27 所示,原来的备份文件 etc.tar 的长度是"18319360",比压缩文件 etc.tar.gz 的长度"3148130"大了约 5 倍。

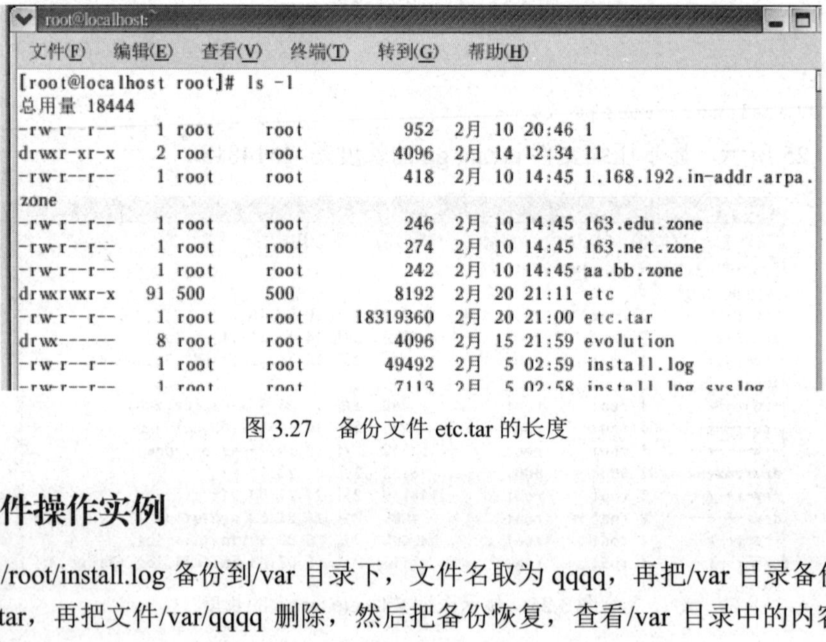

图 3.27 备份文件 etc.tar 的长度

3.2.2 文件操作实例

把文件/root/install.log 备份到/var 目录下,文件名取为 qqqq,再把/var 目录备份,备份文件名为 var.tar,再把文件/var/qqqq 删除,然后把备份恢复,查看/var 目录中的内容,看看文件 qqqq 还在不在。

在命令窗口中输入:

[root@localhost root]# cp install.log /var/qqqq

即把文件/root/install.log 备份到/var 目录下,文件名取为 qqqq。

再输入:

[root@localhost root]# cd /var

[root@localhost var]# ls

如图 3.28 所示,可以看到/var 目录下有一个文件 qqqq。

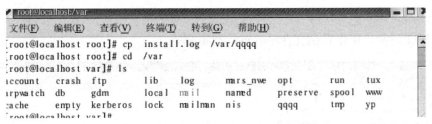

图 3.28 /var 目录下有一个文件 qqqq

再输入：

[root@localhost var]# cd /root

[root@localhost root]# tar -cvf var.tar /var

即把/var 目录备份，备份文件名为 var.tar。备份文件的最后部分如图 3.29 所示。

图 3.29 备份文件的最后部分

再输入：

[root@localhost root]# ls

结果如图 3.30 所示，可以看到有一个备份文件 var.tar。

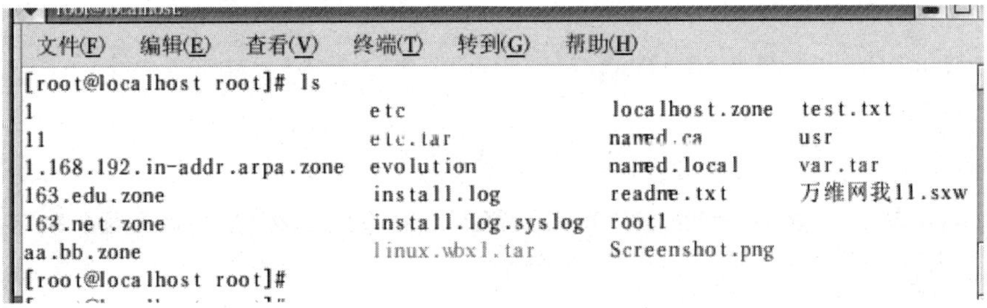

图 3.30 有一个备份文件 var.tar

再输入：

[root@localhost root]# cd /var

[root@localhost var]# rm qqqq

```
[root@localhost var]# ls
```
如图 3.31 所示，可以看到文件/var/qqqq 已被删除。

```
[root@localhost root]# cd /var
[root@localhost var]# rm qqqq
rm: 是否删除一般文件 qqqq'? y
[root@localhost var]# ls
account   crash   ftp              lib      log       mars_nwe   opt         spool   www
arpwatch  db      gdm              local    mail      named      preserve    tmp     yp
cache     empty   kerberos         lock     mailman   nis        run         tux
[root@localhost var]#
```

图 3.31 文件/var/qqqq 已被删除

再输入：

```
[root@localhost var]# cd /
[root@localhost /]# tar -xvf /root/var.tar
```

备份恢复过程的后面部分如图 3.32 所示。

```
var/mailman/tests/paths.pyc
var/mailman/tests/test_bounces.pyc
var/mailman/tests/test_handlers.pyc
var/mailman/tests/test_lockfile.pyc
var/mailman/tests/test_membership.pyc
var/mailman/tests/test_message.pyc
var/mailman/tests/test_runners.pyc
var/mailman/tests/test_safedict.pyc
var/mailman/tests/test_security_mgr.pyc
var/mailman/tests/testall.pyc
var/account/
var/account/pacct
var/ftp/
var/ftp/pub/
var/ftp/pub/ll
[root@localhost /]#
```

图 3.32 备份恢复过程的后面部分

再输入：

```
[root@localhost /]# cd /var
[root@localhost var]# ls
```

结果如图 3.33 所示，文件 qqqq 在/var 目录中。

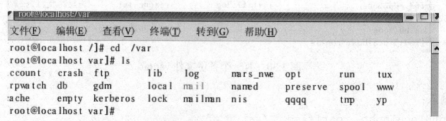

图 3.33 文件 qqqq 在/var 目录中

3.3 其他操作

3.3.1 ps，kill，ping，ifconfig 命令操作

1. ps 命令：显示进程

使用方法：ps [参数]

说明：查看系统有哪些进程和进程的状况。

参数可选项：

- -a——显示当前控制终端的进程（包括其他用户的）;
- -e——显示所有的进程;
- -x——显示没有控制终端的进程。

在命令窗口中输入：

[root@localhost root]# ps -e

如图 3.34 所示，每一行表示一个进程，每一行有 4 个部分，分别表示进程号、终端类型、时间和进程名。最后一个进程的进程名为 ps，进程号为 2770。

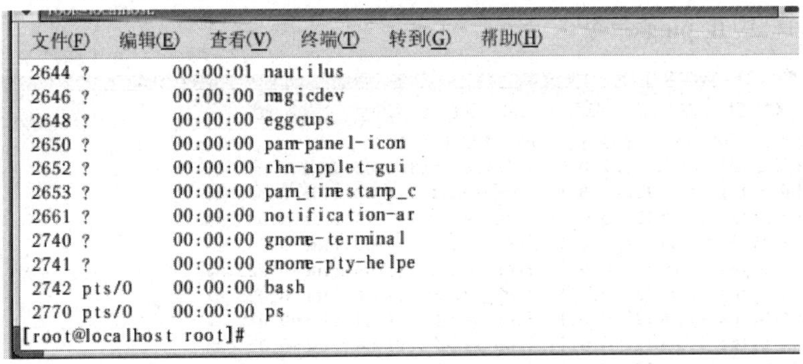

图 3.34 ps 命令

2. kill 命令：杀死进程

使用方法：kill -9 [进程号]

说明：杀死进程。

在命令窗口中输入：

[root@localhost root]# kill -9 2741

表示杀死图 3.34 中的 gnome-pty-helpe 进程。

以下进行验证。

再输入：

[root@localhost root]# ps -e

结果如图 3.35 所示，显示 gnome-pty-helpe 进程已被杀死（原进程号为 2741）。

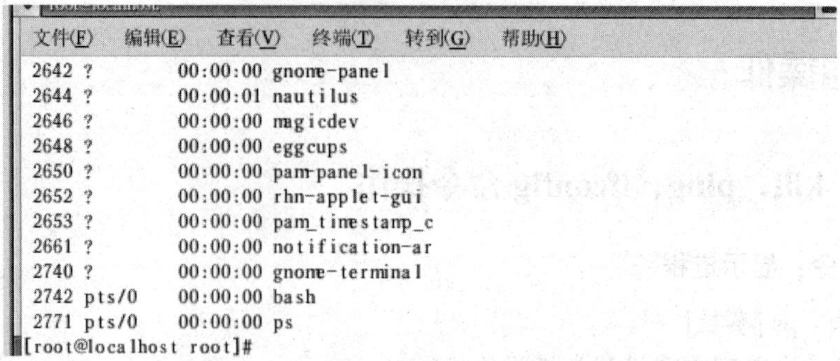

```
文件(F)  编辑(E)  查看(V)  终端(T)  转到(G)  帮助(H)
2642 ?         00:00:00 gnome-panel
2644 ?         00:00:01 nautilus
2646 ?         00:00:00 magicdev
2648 ?         00:00:00 eggcups
2650 ?         00:00:00 pam-panel-icon
2652 ?         00:00:00 rhn-applet-gui
2653 ?         00:00:00 pam_timestamp_c
2661 ?         00:00:00 notification-ar
2740 ?         00:00:00 gnome-terminal
2742 pts/0    00:00:00 bash
2771 pts/0    00:00:00 ps
[root@localhost root]#
```

图 3.35 显示 gnome-pty-helpe 进程已被杀死

3. ping 命令

使用方法：ping [目标主机的 IP 地址或主机名]

说明：测试本机与目标主机的网络连通性。

在命令窗口中输入：

[root@localhost root]# ping 127.0.0.1

测试本机与虚拟主机（IP 地址为 127.0.0.1）的网络连通性，结果如图 3.36 所示。显示共发出 13 个信息包，收到 13 个信息包，丢失 0%信息包，说明本机到虚拟主机的网络是连通的。按组合键 Ctrl+C 中止 ping 命令。

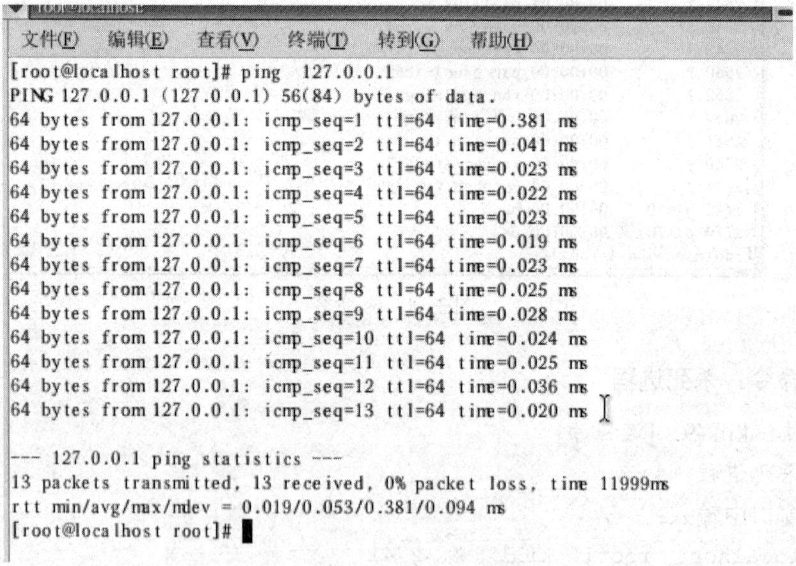

```
文件(F)  编辑(E)  查看(V)  终端(T)  转到(G)  帮助(H)
[root@localhost root]# ping 127.0.0.1
PING 127.0.0.1 (127.0.0.1) 56(84) bytes of data.
64 bytes from 127.0.0.1: icmp_seq=1 ttl=64 time=0.381 ms
64 bytes from 127.0.0.1: icmp_seq=2 ttl=64 time=0.041 ms
64 bytes from 127.0.0.1: icmp_seq=3 ttl=64 time=0.023 ms
64 bytes from 127.0.0.1: icmp_seq=4 ttl=64 time=0.022 ms
64 bytes from 127.0.0.1: icmp_seq=5 ttl=64 time=0.023 ms
64 bytes from 127.0.0.1: icmp_seq=6 ttl=64 time=0.019 ms
64 bytes from 127.0.0.1: icmp_seq=7 ttl=64 time=0.023 ms
64 bytes from 127.0.0.1: icmp_seq=8 ttl=64 time=0.025 ms
64 bytes from 127.0.0.1: icmp_seq=9 ttl=64 time=0.028 ms
64 bytes from 127.0.0.1: icmp_seq=10 ttl=64 time=0.024 ms
64 bytes from 127.0.0.1: icmp_seq=11 ttl=64 time=0.025 ms
64 bytes from 127.0.0.1: icmp_seq=12 ttl=64 time=0.036 ms
64 bytes from 127.0.0.1: icmp_seq=13 ttl=64 time=0.020 ms

--- 127.0.0.1 ping statistics ---
13 packets transmitted, 13 received, 0% packet loss, time 11999ms
rtt min/avg/max/mdev = 0.019/0.053/0.381/0.094 ms
[root@localhost root]#
```

图 3.36 测试本机与虚拟主机（IP 地址为 127.0.0.1）的网络连通性

再输入：

[root@localhost root]# ping 128.0.0.1

测试本机与目标主机（IP 地址为 128.0.0.1）的网络连通性，结果如图 3.37 所示。显示共发出 510 个信息包，收到 0 个信息包，丢失 100%信息包，说明本机到 128.0.0.1 的网络不通。

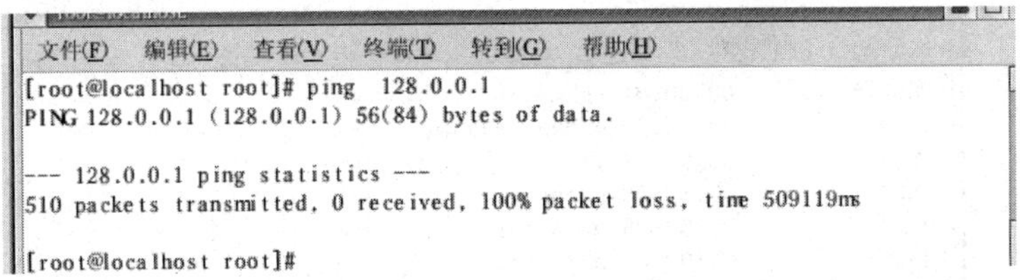

第 3 章　Linux 常用命令　　51

```
[root@localhost root]# ping 128.0.0.1
PING 128.0.0.1 (128.0.0.1) 56(84) bytes of data.

--- 128.0.0.1 ping statistics ---
510 packets transmitted, 0 received, 100% packet loss, time 509119ms

[root@localhost root]#
```

图 3.37　测试本机与目标主机（IP 地址为 128.0.0.1）的网络连通性

4. ifconfig 命令

使用方法：ifconfig　[参数]

说明：显示网卡信息。

参数可选项：

-a——显示所有网卡（激活的和没有激活的）的信息。

在命令窗口中输入：

[root@localhost root]# ifconfig

如图 3.38 所示。有 eth0 和 lo 两块网卡，eth0 是物理网卡，其物理地址是 00：0C：29：81：89：7A，IP 地址是 192.168.1.200，广播地址是 192.168.1.255，掩码是 255.255.255.0；lo 是虚拟网卡，没有物理地址，IP 地址是 127.0.0.1，没有广播地址，掩码是 255.0.0.0。

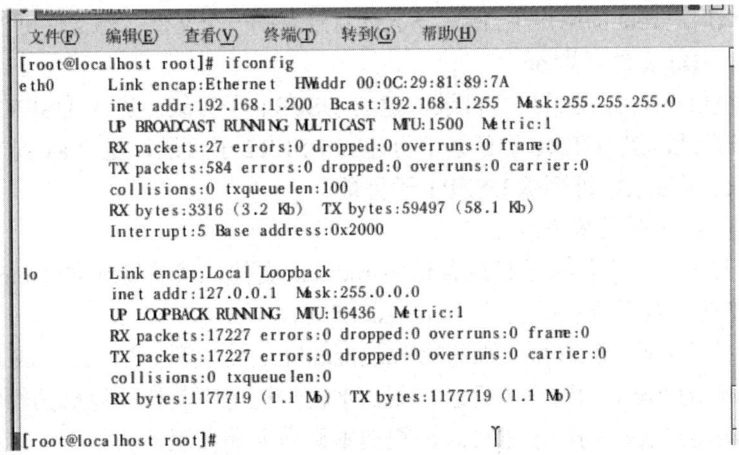

```
[root@localhost root]# ifconfig
eth0      Link encap:Ethernet  HWaddr 00:0C:29:81:89:7A
          inet addr:192.168.1.200  Bcast:192.168.1.255  Mask:255.255.255.0
          UP BROADCAST RUNNING MULTICAST  MTU:1500  Metric:1
          RX packets:27 errors:0 dropped:0 overruns:0 frame:0
          TX packets:584 errors:0 dropped:0 overruns:0 carrier:0
          collisions:0 txqueuelen:100
          RX bytes:3316 (3.2 Kb)  TX bytes:59497 (58.1 Kb)
          Interrupt:5 Base address:0x2000

lo        Link encap:Local Loopback
          inet addr:127.0.0.1  Mask:255.0.0.0
          UP LOOPBACK RUNNING  MTU:16436  Metric:1
          RX packets:17227 errors:0 dropped:0 overruns:0 frame:0
          TX packets:17227 errors:0 dropped:0 overruns:0 carrier:0
          collisions:0 txqueuelen:0
          RX bytes:1177719 (1.1 Mb)  TX bytes:1177719 (1.1 Mb)

[root@localhost root]#
```

图 3.38　显示网卡信息

3.3.2　进程操作实例

显示并删除命令窗口进程。

在命令窗口中输入：

[root@localhost root]# ps -e

如图 3.39 所示，倒数第 3 行是一个 bash 进程，即命令窗口进程，进程号 2645。

再输入：

[root@localhost root]# kill -9 2645

命令窗口消失，即杀死了 bash 进程。

```
文件(F)   编辑(E)   查看(V)   终端(T)   转到(G)   帮助(H)
2606  ?       00:00:01  metacity
2608  ?       00:00:00  gnome-settings-
2615  ?       00:00:01  fam
2622  ?       00:00:00  gnome-panel
2624  ?       00:00:05  nautilus
2626  ?       00:00:04  magicdev
2628  ?       00:00:00  eggcups
2630  ?       00:00:00  pam-panel-icon
2632  ?       00:00:01  rhn-applet-gui
2633  ?       00:00:00  pam_timestamp_c
2641  ?       00:00:00  notification-ar
2643  ?       00:00:07  gnome-terminal
2644  ?       00:00:00  gnome-pty-helpe
2645  pts/0   00:00:00  bash
2736  ?       00:00:00  nautilus-throbb
17190 pts/0   00:00:00  ps
```

图 3.39 倒数第 3 行是一个 bash 进程

3.4 操作题

1. 分别进入超级用户 root 的用户主目录、/usr 目录、根目录、/home 目录、普通用户 t1 的用户主目录（/home/t1），显示各目录下的文件和子目录，并在各目录下建立 user1 子目录。

2. 进入超级用户 root 的用户主目录，从/etc 目录复制一个文件（源文件可以是/etc/yp.conf）到/root 目录下，目标文件名为 aa。

3. 进入超级用户 root 的用户主目录，建立 USER1 子目录。进入 USER1 子目录，复制 aa 到 USER1 子目录，在 USER1 子目录下再建立 USER2 子目录，复制 aa 到 USER2 子目录。最后删除 USER2 子目录，再删除 USER1 子目录。

4. 查找所有以 login 字符开头的文件。

5. 把/root 目录下的文件和子目录备份成 root.tar 文件，然后复制文件/etc/yp.conf 到/root 目录，再恢复备份，看看复制的文件/root/yp.conf 还在不在。

6. 把/root 目录下的 install.log 文件压缩成 install.log.gz 文件，再解压缩成 install.log 文件。

7. 进入超级用户 root 的用户主目录，测试本机与机房中其他计算机的网络连通性。

8. 进入超级用户 root 的用户主目录，查询本机网卡的物理地址。

第4章 文本文件编辑

📖 **学习目标**

通过本章的学习,你将学会
- ◆ 安装五笔字型输入法
- ◆ 用 vi 命令新建、编辑文本文件
- ◆ 用字处理软件编辑和排版中、英文文稿

4.1 认识文本文件编辑器

文本文件编辑器是计算机系统中最经常使用的一种工具。

基于光标的 vi 编辑器(也称 vi 命令)是 Linux 的基本配置。它功能强大、界面友好,特别适合编写配置文件、源程序、Shell 脚本文件等。

现在的 Linux 发行版本一般都支持 GNOME 和 KDE 桌面环境,都具有含菜单、滚动条和鼠标操作等特征的 GUI 文本文件编辑器。这些编辑器可以用来编辑任何 Linux 文本文件、普通的文字资料、任何语言的源程序和 Shell 脚本文件等。

1. vi 编辑器

vi 是 visual interface 的简称,它是 Linux 系统中标准的文本文件编辑器。

(1) 新建文本文件

在命令窗口中输入:

[root@localhost root]# vi my

显示的 vi 窗口如图 4.1 所示。其中,my 是文本文件名。

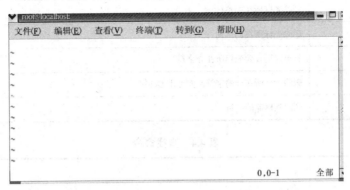

图 4.1 vi 窗口

(2) 输入文件内容

进入 vi 窗口之后,即进入命令行模式。每输入一个字符,都被视为一条命令。有效的命令会被接受,无效的命令,会产生响声,以示警告。命令行模式下一般有输入命令(见表 4.1)、

复制命令（见表4.2）、删除命令（见表4.3）和查找命令（见表4.4）等。

表 4.1 输入命令

命 令	说 明
a	从光标所在位置后开始新增资料，光标后的资料随新增资料向后移动
A	从光标所在行尾开始新增资料
i	从光标所在位置前开始插入资料，光标后的资料随新增资料向后移动
I	从光标所在行的第一个非空白字符前开始插入资料
o	在光标所在行下方新增一行并进入输入模式
O	在光标所在行上方新增一行并进入输入模式

表 4.2 复制命令

命 令	说 明
y1G	复制至文件首
yG	复制至文件尾
y0	复制至行首，不含光标所在处字符
y$	复制至行尾，含光标所在处字符
yy 或 Y	复制光标所在的整行
p	粘贴在光标后（下面）
P	粘贴在光标前（上面）

表 4.3 删除命令

命 令	说 明
d0	删至行首（不含光标所在处字符）
dd	删除光标所在的整行
dw	删除光标所在的单词
D	删至行尾（含光标所在处字符）
x	删除光标所在处的字符，亦可用 Del 键
X	删除光标前的字符

表 4.4 查找命令

命 令	说 明
/	向后查找字符串
?	向前查找字符串
n	继续上一次查找
N	以与上次相反的方向查找

若想输入文件内容，必须切换到文本输入模式。切换的方法为输入表 4.1 中的任何一个命令，比如，输入 i 命令，可以看到 vi 窗口左下角出现"插入"两个字，如图 4.2 所示，接着就可以按要求输入文件内容。

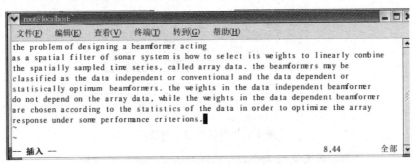

图 4.2　输入文件内容

（3）保存退出

编辑好文件内容后，按 Esc 键返回命令行模式（可以看到 vi 窗口左下角"插入"两个字消失了），然后输入":"进入末行模式，末行模式下的命令见表 4.5。

表 4.5　末行模式下的命令

命　令	说　　明
q	退出 vi 编辑器，如果文件有过修改，必须先存储文件
q!	强制退出 vi 编辑器，修改后的文件不会存储
wq!	存储文件并退出 vi 编辑器
w	存储文件
r	读入文件
X	加密文件

用 wq! 命令，保存好文件，退出 vi 编辑器。

2. GNOME 文本文件编辑器

参见 2.3 节 GNOME 文本文件编辑器。

3. KDE 文本文件编辑器

常用的 KDE 文本文件编辑器较多，比如：Kword、Kwrite、Kedit、Kjots 等等，它和 GNOME 文本文件编辑器一样，提供了全面的鼠标支持，实现了标准的 GUI 操作，如剪切和粘贴等。这里简单地介绍一下 Kjots。

Kjots 编辑器的功能是让用户能够在记事本里随时写下便条之类的东西，它将用户写的便条组织成记事本，称为"书"。选择"红帽子开始"|"附件"|"更多的附件"|"Kjots"，打开 Kjots，首先弹出"创建新书"对话框，如图 4.3 所示。输入书名后单击"确定"按钮，显示 Kjots 编辑器，如图 4.4 所示。

图 4.3 "创建新书"对话框

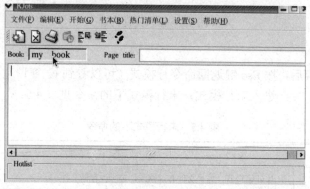

图 4.4　Kjots 编辑器

4. OpenOffice.org Writer 字处理软件

类似于 Windows 系统中的 Office 软件，Linux 系统也有 OpenOffice.org Writer 字处理软件。

选择"红帽子开始"|"办公"|"OpenOffice.org Writer"，打开 OpenOffice.org Writer 字处理软件，如图 4.5 所示。

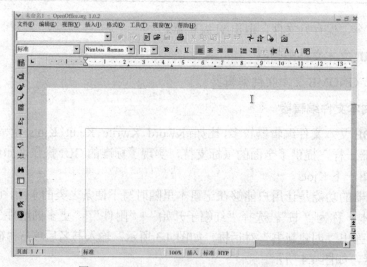

图 4.5　OpenOffice.org Writer 字处理软件

4.2 安装五笔字型输入法

Red Hat Linux 9.0 的标准配置支持拼音等多种输入法,但是不支持五笔字型输入法。

1. 五笔字型输入法软件下载

用于 Linux 系统的五笔字型输入法软件较多,一般用 Windows XP 平台的下载工具下载后,再安装到 Linux 系统中。

选用软件:五笔输入法 For Linux 9.0 绿色拷贝版

网址:http://download.gd-emb.org/download/id-3900.html

软件提供者:广东省嵌入式软件公共技术中心

该软件是一个压缩包文件,先在 Windows XP 平台解压缩,再存储在 U 盘中,共有四个文件,如图 4.6 所示。

图 4.6 五笔输入法 For Linux 9.0 绿色拷贝版中的四个软件

2. 五笔字型输入法软件安装

(1)装载 U 盘

装载 U 盘用 mount 命令(参见 6.1 节认识 Linux 设备)。插入 U 盘,在命令窗口中输入:

```
[root@localhost root]# mkdir /mnt/usb              #新建装载目录/mnt/usb
[root@localhost root]# mount /dev/sda1 /mnt/usb    #把U盘装载到/mnt/usb,其
                                                    中,/dev/sda1 表示 U 盘。
```

(2)复制 Chinput.ad 文件

将 U 盘中的 Chinput.ad 文件复制到/usr/lib/Chinput 目录,覆盖掉该目录下的同名文件。在命令窗口中输入:

```
[root@localhost root]# cp /mnt/usb/Chinput.ad /usr/lib/Chinput/Chinput.ad
```

(3)复制 WuBi.tab 文件

将 U 盘中的 WuBi.tab 文件复制到/usr/lib/Chinput/im/gb 目录。在命令窗口中输入:

```
[root@localhost root]# cp /mnt/usb/WuBi.tab /usr/lib/Chinput/im/gb/WuBi.tab
```

(4)重新登录

重新启动 Linux,登录后就可以使用五笔字型输入法了,如图 4.7 所示。

和 Windows 系统中一样,常用的组合键有:

● Ctrl+Space 调出输入法;

● Shift+Space 半角/全角切换;

- Ctrl+Shift　输入法切换。

图 4.7　使用五笔字型输入法

4.3　用 vi 命令编辑文本文件实例

用 vi 命令新建一个文本文件，文件名为 my，内容如下：

The problem of designing a beamformer acting
as a spatial filter of sonar system is how to select its weights to linearly combine the spatially sampled time series, called array data. The beamformers may be classified as the data independent or conventional and the data dependent or statisically optimum beamformers. The weights in the data independent beamformer do not depend on the array data, while the weights in the data dependent beamformer are chosen according to the statistics of the data in order to optimize the array response under some performance criterions.

再用 vi 命令新建一个文本文件，保存为 my1 文件，内容如下：

Choosing the optimum beamformer weights under Linearly Constrained Minimum Variance(LCMV) criterion and doing it under maximum Signal-Noise Ratio (SNR) are the most important ones in theory and practice among the criterions in data-dependent beamforming. They are equivalent to each other. On the other hand, the weights in the LCMV beamformer may be decomposed into two terms separating linear constraint and minimum variance: one is designed to satisfy the linear constraints, the other is an unconstrained weight adjustment component minimizing the contributions due to noise and interference arriving from directions other than the desired signal direction. This provides guide to the implementations of an optimum beamformer in engineering.

最后，完成如下操作：
① 把两个文本文件 my 和 my1 合并成 1 个文件 my paper。
② 给文件 my paper 加上标题：Abstract。
③ 把文件 my paper 加密。
④ 把所有的 a 替换成大写的 A。
⑤ 把第 1 句复制到文章的最后。

1. 新建文本文件 my

在命令窗口中输入：

```
[root@localhost root]# vi my
```
其中，my 是文件名。如图 4.1 所示。

输入命令 i，可以看到窗口左下角有"插入"两字。按要求输入文件 my 的内容，如图 4.8 所示。

编辑好文件内容后，按 Esc 键返回命令行模式（可以看到 vi 窗口左下角"插入"两个字消失），然后输入"：wq！"命令，保存好文件，退出 vi 编辑器。

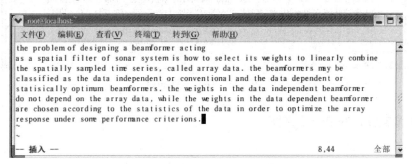

图 4.8　输入文件 my 的内容

2. 新建文本文件 my1

在命令窗口中输入：

```
[root@localhost root]# vi              #这里没有输入文件名 my1
```

输入命令 i，可以看到 vi 窗口左下角显示"插入"两个字。输入文字，如图 4.9 所示。

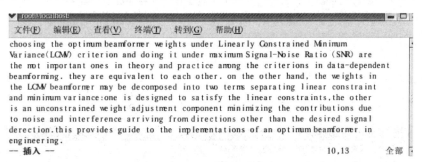

图 4.9　输入文件 my1 的内容

输入好文件内容后，按 Esc 键返回命令行模式（可以看到 vi 窗口左下角"插入"两个字消失），然后输入"：wq！"命令保存文件，显示错误信息"E32：没有文件名"。如图 4.10 所示。

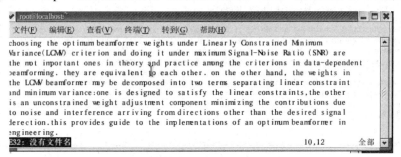

图 4.10　显示错误信息"E32：没有文件名"

输入末行模式命令":w　my1"把文件保存好。其中，my1是文件名。如图4.11所示。然后再输入":wq!"命令，退出vi编辑器。

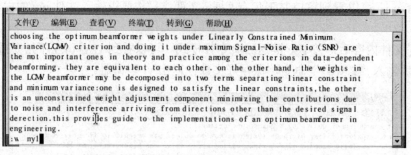

图4.11　保存文件my1

3. 把两个文件合并成一个文件

在命令窗口中输入：

[root@localhost root]# vi my

打开文本文件my，再输入末行模式命令":r　my1"，如图4.12所示。读入文本文件my1，如图4.13所示。

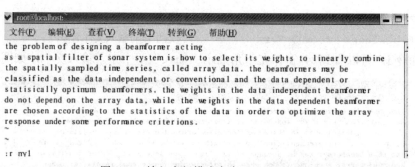

图4.12　输入末行模式命令":r　my1"

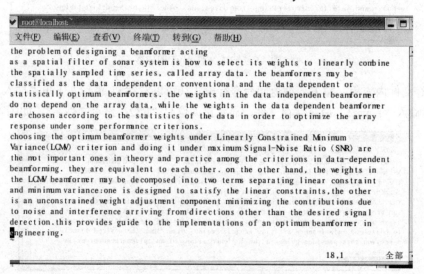

图4.13　读入文本文件my1

再输入末行模式命令":w　my paper",即把文件保存为 my paper。

4. 加上标题

输入命令"i",vi 窗口左下角显示"插入"两个字,把光标移到第一行第一个字符处,按 Enter 键,即空出了第一行,在中间位置输入标题"Abstract"。如图 4.14 所示。

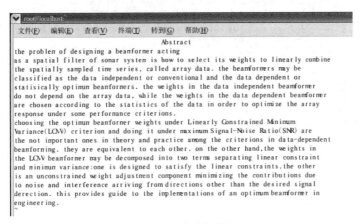

图 4.14　加上标题

5. 文件加密

按 Esc 键,返回到命令行模式(可以看到窗口左下角"插入"两个字消失),再输入末行模式命令":X",出现"输入密码:",输入两次密码,如图 4.15 所示。下次若要打开该文件,必须输入这个密码。

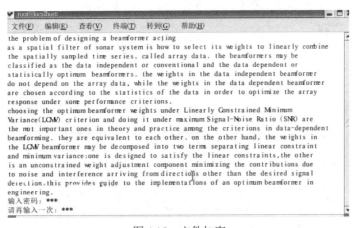

图 4.15　文件加密

6. 将所有的"a"替换成"A"

输入查找命令"/a",所有字符"a"变成红色方块,如图 4.16 所示。再输入替换命令 R,vi 窗口左下角出现"替换"两字,然后,光标每移到一处,a 就被替换成 A。如图 4.17 所示。

7. 将第一句复制到文章的最后

输入命令 i,vi 窗口左下角显示"插入"两个字。把光标移到文章的最后并按 Enter 键,

即在文章的最后，增加一行空行，按 Esc 键返回命令行模式（看到窗口左下角"插入"两个

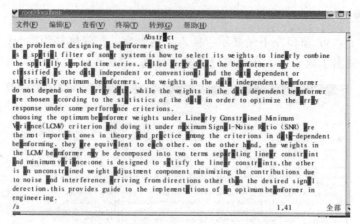

图 4.16　所有字符"a"变成红色方块

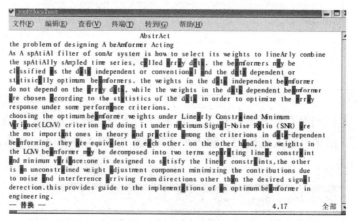

图 4.17　a 被替换成 A

字消失）。再把光标移到第二行（标题是第一行），输入复制命令 yy，再把光标移到最后一行（空行），输入复制命令 p，即把第一句复制到文章的最后。如图 4.18 所示。

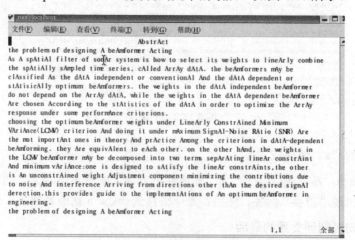

图 4.18　将第一句复制到文章的最后

4.4 用 OpenOffice.org Writer 编辑文稿实例

4.4.1 用 OpenOffice.org Writer 制作表格

制作一个如图 4.19 所示的专业教学进程安排表。

专业教学进程安排表

课程类别	修学类型	课程代码	课程名称	学分	总学时	考试学期	按学年及学期安排周学时数					
							第一学年		第二学年		第三学年	
							1	2	3	4	5	6
							15+1 周	17+1 周	17 周	17+1 周	4+15 周	17 周
公共基础课程	必修		"毛邓三"概论	2	30	2						
			思想道德与法律基础	2	34			2				
			形势与政策	1			√	√	√	√		
			大学英语	10	150		5	5				
			高等数学(工科)	8	128		4	4				
			军事	2	48		2W	1W				
			体育与健康	4	48		√	√	√	√		
			早锻炼	4			√	√	√	√		
			素质训练课	1	24		1W					
	应修小计			34	462		11	11				
	选修		马克思基本原理概论		试行		√	√	√	√		
			中国近代史纲要		试行		√	√	√	√		
			素质拓展一年级选修课	4	56		2	2				
			素质拓展二年级选修课	2	28					2		
			素质拓展认证课	4			√	√	√	√		
	应选小计			10	84		2	2	2			
	单元小计			44	546		13	13	2			
专业课程	必修		计算机的使用	3	48		6×8W					
			计算机原理与信息技术	3	42		6×7W					
			专业英语应用Ⅰ	2	30		2					
			专业英语应用Ⅱ	2	30			√	√	√		
			计算机技术支持与服务	6	96				6×16W			
			弱电施工与认证	6	96				6×16W			
			网络安全与管理	6	96					6×16W		
			服务器管理	6	96					6×16W		
			系统集成	6	96						6×16W	
			专业社会实践	2	48				1W		1W	

图 4.19 专业教学进程安排表

课程类别	修学类型	课程代码	课程名称	学分	总学时	考试学期	按学年及学期安排周学时数					
							第一学年		第二学年		第三学年	
							1	2	3	4	5	6
							15+1周	17+1周	17周	17+1周	4+15周	17周
专业课程	选修		信息处理 复杂文档综合处理	6	96			6×16W				
			信息检索与处理	6	96				6×16W			
			小型管理系统设计	4	64				4×16W			
			企业ERP系统应用	6	96					6×16W		
			媒体 初级多媒体制作	4	60			6×10W				
			静态视觉表达	6	96			6×6W	6×10W			
			动态视觉表达	6	132				6×16W	6×6W		
			高级多媒体合成	6	96					6×16W		
			软件 企业数据管理	2	36			6×6W				
			网页设计	4	60			6×10W				
			开发工具的使用	5	72				6×12W			
			网站建设与维护	12	192				6×16W	6×16W		
			软件工程与设计方法	8	120				6×4W	6×16W		
	应修小计						8	12	20	22		
	公选修											
	应选小计						0					
	单元小计						0					
实习课程	必修		岗位训练	6	100						≤24	
			顶岗实习	32	768						15W	17W
			毕业设计								√	√
	单元小计			38	868		0					
合计			课内周学时		1650		21	25	22	22	24	24
			总学时数	150	2600							

图 4.19 专业教学进程安排表（续）

1. 创建表格

打开 OpenOffice.org Writer 字处理软件，在菜单栏中选择"插入"|"表格"，创建表格，如图 4.20 所示。此表格设计的主要工作是表格行、列的插入和删除，单元格的拆分和合并。

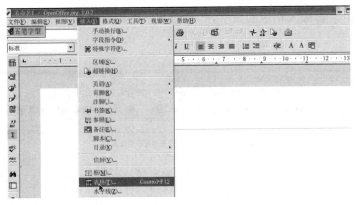

图 4.20　创建表格

2. 插入、删除表格的行、列

工具栏里依次有插入行、插入列、删除行和删除列 4 个工具。如图 4.21 所示。

图 4.21　插入、删除表格的行、列的工具栏

3. 合并、拆分单元格

选中两个单元格（或以上），单击合并单元格工具按钮，将选中单元格合并成一个单元格。如图 4.22 所示。

图 4.22　合并单元格

选中一个单元格，单击分隔单元格工具按钮，就能将选中的一个单元格拆分成多个单元格。如图 4.23 所示。

图 4.23　拆分单元格

表格设计好后，再输入相应的文字，"专业教学进程安排表"就制作完成了。如图 4.24 所示。

图 4.24 制作完成的表格

4.4.2 用 OpenOffice.org Writer 进行图文混排

设计一个如图 4.25 所示的新生入学通知书

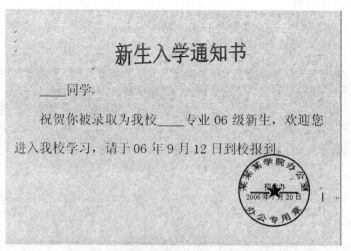

图 4.25 新生入学通知书

1. 设计图片

背景和印章可以用 Windows 工具软件设计，如图 4.26 所示，并保存成.gif 格式文件。

图 4.26 设计图片

2. 插入图片

将图片文件复制到 Linux 系统中,再在菜单栏中选择"插入"|"图形"|"从文件",插入图片。如图 4.27 所示。

3. 图文混排

输入文字,进行图文混排,最后的结果如图 4.28 所示。

图 4.27 插入图片

图 4.28 图文混排后的结果

4.4.3 用 OpenOffice.org Writer 编辑数学公式

编辑如下两个数学公式:

1. $f(x) = \sqrt[3]{\left[\sum\limits_{i=10}^{100} x_i^2 + x_i - 6\right]} + \dfrac{x_2 + 8}{x_3 - 9} + \sqrt{x_4 + 10}$

2. $U_{AB} = \int\limits_{A}^{B} Edl = \int\limits_{R_A}^{R_B} \dfrac{q}{4\pi\varepsilon_0 r^2} dr$

1. 打开公式输入窗口

在菜单栏中选择"插入"|"对象"|"公式",如图 4.29 所示,打开公式输入窗口。打开后的公式输入窗口如图 4.30 所示。该窗口有三个部分:第一部分是主界面,其作用是显示公式输入的结果;第二部分是命令输入框,输入各种命令;第三部分是选择窗体,可以进行各种公式样式的选择。

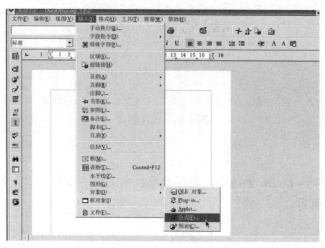

图 4.29 打开公式输入窗口

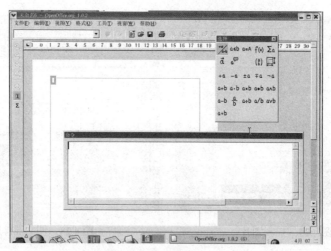

图 4.30 公式输入窗口

2. 输入公式 1

在命令输入框中输入"f(x)=",在主界面看到"f(x)="。

在选择窗体中单击"f(x)",并选择 ,命令窗体中出现两个"<?>",第一个"<?>"替换成"3",即开 3 次方,第二个"<?>"用下面方法进行替换。

先输入一对"[ ]",光标停在"[ ]"里面,再在选择窗体中单击"Σa",并选择"Σx",命令窗体中出现一个"<?>",再选择选择窗体中的 ,命令窗体中出现三个"<?>",前面两个"<?>"分别替换成"i=10"和"100"(作为求和的范围),第三个"<?>"用下面方法进行替换。

在选择窗体中单击 ▣，并选择"X_b"，命令窗体中出现两个"<? >"，第二个"<? >"替换成"i"，第一个"<? >"用下面方法进行替换。

在选择窗体中选择"X^b"，命令窗体中出现两个"<? >"，第一个"<? >"替换成"x"，第二个"<? >"替换成"2"。

接着，先输入"+"，再在选择窗体中选择"X_b"，命令窗体中出现两个"<? >"，第一个"<? >"替换成"x"，第二个"<? >"替换成"i"，再输入"–6"。在主界面看到：

$$f(x) = \sqrt[3]{\sum_{i=10}^{100} x_i^2 + x_i - 6}$$

接着，输入"+"，再在选择窗体中单击"+a/a+b"，并选择"$\frac{a}{b}$"，命令窗体中出现两个"<? >"，选中第一个"<? >"（是分子），输入一对"{}"，保持光标在"{}"里面，再在选择窗体中单击 ▣，并选择"X_b"，命令窗体中出现两个"<? >"，第一个"<? >"替换成"x"，第二个"<? >"替换成"2"。再输入"+8"。

再选中第二个"<? >"（是分母），输入一对"{}"，保持光标在"{}"里面，再在选择窗体中单击 ▣，并选择"X_b"，命令窗体中出现两个"<? >"，第一个"<? >"替换成"x"，第二个"<? >"替换成"3"。再输入"–9"。在主界面看到：

$$f(x) = \sqrt[3]{\sum_{i=10}^{100} x_i^2 + x_i - 6} + \frac{x_2 + 8}{x_3 - 9}$$

接着，输入"+"，再在选择窗体中单击"f(x)"，并选择 $\sqrt{x}$，命令窗体中出现一个"<? >"，再在选择窗体中单击 ▣，并选择"X_b"，命令窗体中出现两个"<? >"，第一个"<? >"替换成"x"，第二个"<? >"替换成"4"。再输入"+10"。在主界面看到：

$$f(x) = \sqrt[3]{\sum_{i=10}^{100} x_i^2 + x_i - 6} + \frac{x_2 + 8}{x_3 - 9} + \sqrt{x_4 + 10}$$

最后结果如图 4.31 所示。

3. 输入公式 2

在选择窗体中单击 ▣，并选择"X_b"，命令窗体中出现两个"<? >"，第一个"<? >"替换成"U"，第二个"<? >"替换成"AB"。

接着，输入"="，再在选择窗体中单击"Σa"，并选择"∫x"，命令窗体中出现一个"<? >"，选中"<? >"，再选择选择窗体中的 ∑，命令窗体中出现三个"<? >"，前面两个"<? >"分别替换成"A"和"B"（作为定积分的范围），第三个"<? >"替换成"Edl"。在主界面看到：

$$U_{AB} = \int_A^B Edl$$

接着，输入"="，再在选择窗体中点击"Σa"，并选择"∫x"，命令窗体中出现一个"<? >"，选中"<? >"，再选择选择窗体中的 ∑，命令窗体中出现三个"<? >"。

选中第一个"<? >"，在选择窗体中单击 ▣，并选择"X_b"，命令窗体中出现两个"<? >"，第一个"<? >"替换成"R"，第二个"<? >"替换成 A。

选中第二个"<? >"，在选择窗体中单击 ▣，并选择"X_b"，命令窗体中出现两个"<? >"，第一个"<? >"替换成"R",第二个"<? >"替换成"B"。

选中第三个"<? >",输入一对"{}",保持光标在"{}"里面,在选择窗体中单击"+a/a+b,"并选择 $\frac{a}{b}$,命令窗体中出现两个"<? >"。

第一个"<? >"是分子,替换成"q"。

第二个"<? >"是分母。用下面方法进行替换:

输入"4",再按如下方法插入希腊文字符Π。

如图4.32所示,在菜单栏中选择"工具"|"分类",打开图标窗体。

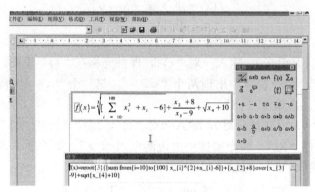

图4.31 公式1的编辑结果

图4.32 打开图标窗体

在如图4.33所示的图标窗体中选择图标组为希腊文,选中字符Π,单击"采用"按钮。

再在选择窗体中单击 并选择"X_b",命令窗体中出现两个"<? >",第二个"<? >"替换成"0"。第一个"<? >"再按上述方法替换成希腊文字符ε,再在选择窗体中选择"X^b",命令窗体中出现两个"<? >",第一个"<? >"替换成"r",第二个"<? >"替换成"2"。

最后,输入"dr"。在主界面看到:

$$U_{AB} = \int_A^B E dl = \int_{R_A}^{R_B} \frac{q}{4\pi\varepsilon_0 r^2} dr$$

最后结果如图4.34所示。

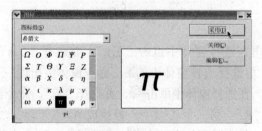

图4.33 图标窗体

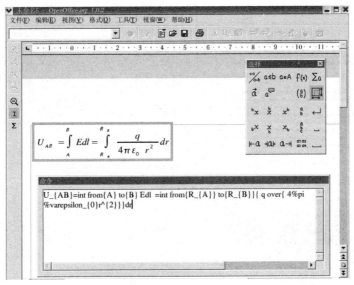

图 4.34 公式 2 的编辑结果

4.5 操作题

用 OpenOffice.org Writer 设计如图 4.35 所示的稿件，具体要求如图 4.36 所示。

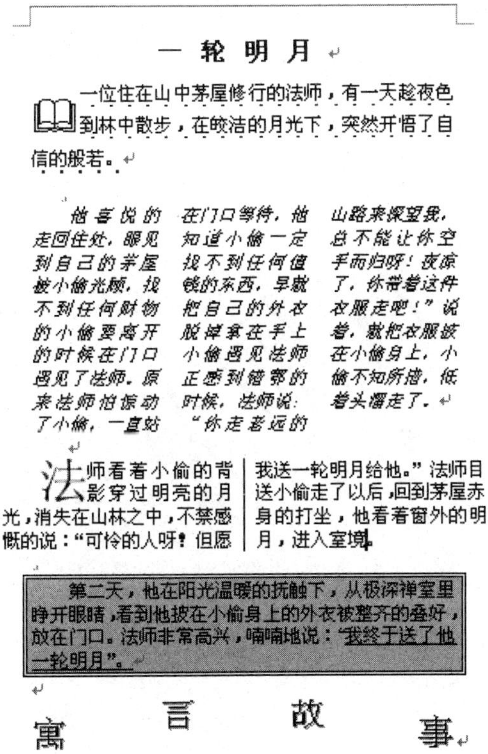

图 4.35 稿件

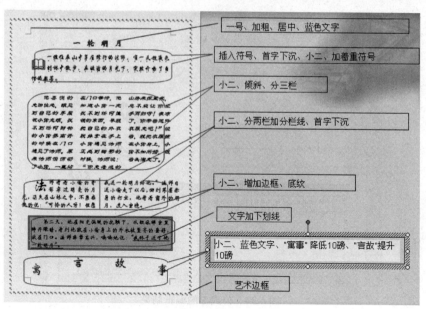

图 4.36 稿件设计要求

第 5 章　用户管理

📖 **学习目标**

通过本章的学习，你将学会
- ◆ 新建、删除、暂停、恢复用户
- ◆ 修改用户的口令

5.1 认识 Linux 用户

Linux 系统是一个多用户操作系统。任何一个要使用 Linux 系统的用户，都必须申请一个用户账号，然后用这个账号进入 Linux 系统。用户账号一方面可以帮助系统管理员对使用系统的用户进行跟踪，控制他们对系统资源的访问；另一方面也可以帮助用户组织文件，并为用户提供安全性保护。每个用户账号都拥有一个唯一的用户名和口令。用户在登录时输入正确的用户名和口令后，就能够进入系统和自己的主目录。

用户管理，主要的工作就是建立一个合法的用户账户，设置和管理用户的密码，修改用户账户的属性，以及在必要时删除已经废弃的用户账号。

1．3 类用户

（1）超级用户

Linux 系统在安装时就建好了超级用户（安装 Linux 时，需要设置根用户 root 的口令）。安装好 Linux 系统后，系统默认的用户名是 root，它对系统有完全的控制权，可对系统进行任何设置和修改。

超级用户的用户编号 UID 为 0。

（2）系统用户

系统用户是 Linux 系统正常工作所必需的内建的用户。系统用户不能用来登录，有时也称为伪用户，比如 bin，daemon，adm，lp 等。

系统用户的用户编号（UID）为 1～499。

（3）普通用户

普通用户是为了让使用者能够登录、使用 Linux 系统而建立的。用户管理的对象就是普通用户。

普通用户的用户编号（UID）为 500～60 000。

2．3 个配置文件

不像 Windows 操作系统那样有专门的数据库用来存放用户的信息，Linux 系统采用纯文本文件来保存账号的各种信息，其中最重要的文件有 3 个：/etc/passwd，/etc/shadow 和 /etc/group。因此用户管理实际上就是对这些文件的内容进行编辑，可以用前面学过的 vi 命令（或者其他编辑器），也可以用专门的命令，还可以用 2.6 节用户管理中所描述的方法。

Linux 系统为了安全，只允许超级用户进行更改。

（1）/etc/passwd

/etc/passwd 是用户账号文件。每个用户在该文件中都有一个对应的记录行，每行由 7 个字段组成，用":"分隔，格式如下。

用户名：密码：UID：GID：个人资料：用户主目录：Shell

各字段含义如下：

- 用户名——用户登录 Linux 系统时使用的名称；
- 密码——这里的密码是经过加密后的密码，而不是真正的密码。若为 x，说明密码经过了 shadow 的保护（将在后面介绍）；
- UID——用户编号，是一个数值，Linux 系统内部使用它来区分不同的用户；
- GID——用户所在的组编号，是一个数值，Linux 系统内部使用它来区分不同的组，相同的组具有相同的 GID；
- 个人资料——可以是用户的姓名、地址、办公电话等信息；
- 用户主目录——类似 Windows 操作系统的个人目录，普通用户的用户主目录默认的是"/home/用户名"；
- Shell——一种命令解释器，默认的是 Bash Shell，即/bin/bash。

一个典型的用户账号文件如图 5.1 所示。第一行是 root 用户，第二行起是系统用户，普通用户在文件的尾部。

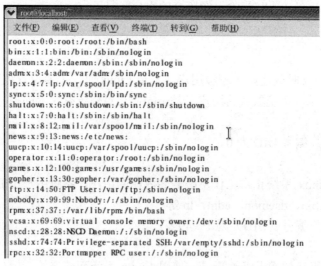

图 5.1 典型的用户账号文件

（2）/etc/shadow

/etc/shadow 是用户密码文件。每个用户在该文件中都有一个对应的记录行，每行由 9 个字段组成，用":"分隔，格式如下。

用户名：密码：最后一次修改时间：最小时间间隔：最大时间间隔：警告时间：不活动时间：失效时间：标志

各字段含义如下：

- 用户名——用户登录 Linux 系统时使用的名称；
- 密码——存放加密后的密码；
- 最后一次修改时间——用户最后一次修改密码的时间；
- 最小时间间隔——两次修改密码允许的最小天数；
- 最大时间间隔——密码保持有效的最大天数，即多少天后必须修改密码；
- 警告时间——从系统提前警告到密码失效的天数；
- 不活动时间——密码过期多少天后，该账号被禁用；
- 失效时间——指示密码失效的绝对天数；
- 标志——未使用。

在用户账号文件中，用户密码通常都是 x，实际的密码都保存在用户密码文件中。

一个典型的用户密码文件如图 5.2 所示。一般和用户账号文件相对应，第一行是 root 用户，第二行起是系统用户，普通用户在文件的尾部。

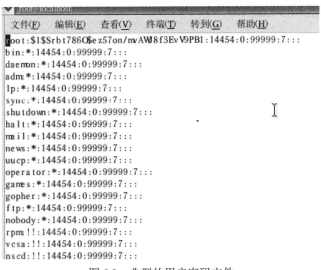

图 5.2 典型的用户密码文件

（3）/etc/group

/etc/group 是用户组号文件。每个用户在该文件中都有一个对应的记录行，每行由 4 个字段组成，用"："分隔，格式如下。

组名：组的密码：GID：组成员

各字段含义如下：

- 组名——组的名称；
- 组的密码——设置加入组的密码，一般不使用组的密码，该字段通常空着不用；
- GID——用户所在的组编号，是一个数值，Linux 系统内部使用它来区分不同的组，相同的组具有相同的 GID；
- 组成员——组所包含的用户，用户之间用","分隔。大部分系统组无成员。

一个典型的用户组号文件如图 5.3 所示。一般和用户账号文件相对应，第一行是 root 用户，第二行起是系统用户，普通用户在文件的尾部。

图 5.3　典型的用户组号文件

5.2　用户管理有关的命令

1. useradd 命令：新建用户

格式：useradd [参数] 用户名

参数可选项：

- -u　UID——指定用户的 UID 值；
- -g　组名——指定用户的所属组；
- -d　路径——指定用户主目录；
- -e　时间——指定用户有效日期；
- -s　Shell——指定 Shell 的类型；
- -m——建立用户主目录。

> **注意**
> 该命令要和下面的 passwd 命令一起使用。

在命令窗口中输入：

[root@localhost root]# useradd t1

即新建用户 t1，其中 t1 是用户名。如图 5.4 所示。

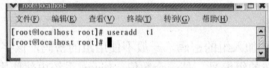

图 5.4　新建用户 t1

【练习】新建一个用户，用户名为 t1，所属的组名为 g1，用户主目录是/t1，用户有效日期是 2009 年 9 月 1 日。

如图 5.5 所示，在命令窗口中输入：

[root@localhost root]# useradd -e 09/01/09 -g g1 -d /t1 t1

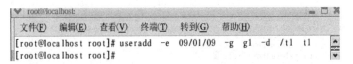

图 5.5 新建一个用户

2. passwd 命令：设置用户密码

格式：passwd 用户名

在命令窗口中输入：

[root@localhost root]# passwd t1

表示设置用户 t1 的密码，密码要输入两次。如图 5.6 所示。

图 5.6 设置用户 t1 的密码

3. userdel 命令：删除用户

格式：userdel [参数] 用户名
参数可选项：

- -r——删除用户主目录。

在命令窗口中输入：

[root@localhost root]# userdel t1

表示删除用户 t1，如图 5.7 所示。

图 5.7 删除用户 t1

4. usermod 命令：修改用户信息

格式：usermod [参数] 用户名
参数可选项：

- -l 新的用户名——修改用户名称；
- -d 路径——修改用户主目录。

在命令窗口中输入：

[root@localhost root]# usermod -d /home/t1 t1

表示修改用户 t1 的用户主目录为/home/t1，如图 5.8 所示。

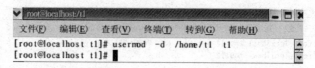

图 5.8　修改用户 t1 的用户主目录为/home/t1

5. groupadd 命令：建立组

格式：groupadd　[参数]　组名

参数可选项：

- -g　GID——指定 GID 的值；
- -r——建立伪用户组（1～499）。

在命令窗口中输入：

[root@localhost root]# groupadd g2

表示建立组 g2，如图 5.9 所示。

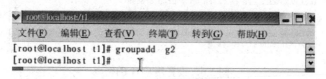

图 5.9　建立组 g2

6. groupdel 命令：删除组

格式：groupdel　组名

在命令窗口中输入：

[root@localhost root]# groupdel g2

表示删除组 g2，如图 5.10 所示。

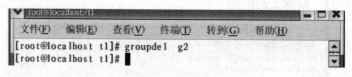

图 5.10　删除组 g2

7. groupmod 命令：修改组的信息

格式：groupmod　[参数]　组名

参数可选项：

- -n 新组名——修改组名；
- -g　GID——修改组的 GID。

在命令窗口中输入：

[root@localhost root]# groupmod -n group g1

表示修改组 g1 的组名为 group，如图 5.11 所示。

第 5 章 用户管理

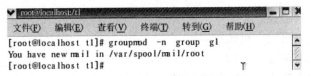

图 5.11 修改组 g1 的组名为 group

8. gpasswd 命令：添加/删除组成员

格式：gpasswd　[参数]　组名
参数可选项：
- -a 用户名——向指定组添加用户；
- -d 用户名——从指定组中删除用户。

在命令窗口中输入：

[root@localhost root]# gpasswd -a t2 group

表示向组 group 添加用户 t2，如图 5.12 所示。

图 5.12 向组 group 添加用户 t2

9. groups 命令：显示用户所属组

格式：groups　用户名
在命令窗口中输入：

[root@localhost root]# groups t2

显示结果：

t2: t2 group

表示用户 t2 属于组 group。如图 5.13 所示。

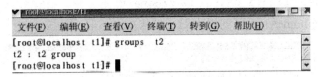

图 5.13 显示用户 t2 属于组 group

10. chmod 命令：修改文件或目录权限

格式：chmod　权限值　文件或目录名
说明：用 8 进制数字表示权限值的方法如下。
- 000：0——代表没有权限。
- 001：1——代表可执行。
- 010：2——代表可写。
- 011：3——代表可写、可执行。

- 100：4——代表可读。
- 101：5——代表可读、可执行。
- 110：6——代表可读、可写。
- 111：7——代表可读、可写、可执行。

在命令窗口中输入：

[root@localhost root]# chmod 754 /etc/grub.conf

表示把文件/etc/grub.conf 的权限修改为 754，即文件主人的权限为可读、可写、可执行，与文件主人同一个组的人的权限为可读、可执行，其他人的权限为可读，如图 5.14 所示。

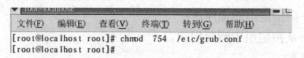

图 5.14　文件/etc/grub.conf 的权限修改为 754

11. chown 命令：改变文件或目录的拥有者

格式：chown　用户名　文件或目录名

在命令窗口中输入：

[root@localhost root]# chown t1 /home/t1

表示修改文件夹/home/t1 的拥有者为用户 t1，结果如图 5.15 所示。

图 5.15　修改文件夹/home/t1 的拥有者为用户 t1

12. chgrp 命令：改变文件或目录所属的组

格式：chgrp　用户名　文件或目录名

在命令窗口中输入：

[root@localhost root]# chgrp t1 /home/t1

表示修改文件夹/home/t1 所属的组为 t1，结果如图 5.16 所示。

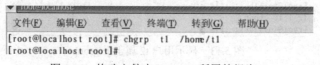

图 5.16　修改文件夹/home/t1 所属的组为 t1

5.3　用户管理操作实例

1. 新建普通用户 u1

在命令窗口中输入：

[root@localhost root]# useradd u1

```
[root@localhost root]# passwd u1
```
其中，u1 是用户名。输入口令两次，成功后，表示普通用户 u1 建立成功。如图 5.17 所示。

图 5.17 建立普通用户 u1

2. 给普通用户 u1 加锁

在命令窗口中输入：
```
[root@localhost root]# passwd -l u1
```
显示：
```
Locking password for user u1
passwd: Success
```
表示普通用户 u1 加锁成功（除非进行解锁操作，否则普通用户 u1 不能登录到 Linux 系统中）。如图 5.18 所示。

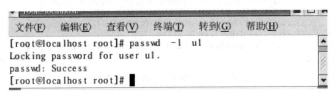

图 5.18 给普通用户 u1 加锁

再输入：
```
[root@localhost root]# vi /etc/shadow
```
如图 5.19 所示，显示第 56 行，普通用户 u1 的密码前面有"!!"，此为加锁标志。

图 5.19 普通用户 u1 的密码前面有"!!"

3. 给普通用户 u1 解锁

在命令窗口中输入：

```
[root@localhost root]# passwd -u u1
```
显示:
```
Unlocking password for user u1
Passwd: Success
```
表示普通用户 u1 成功解锁。如图 5.20 所示。

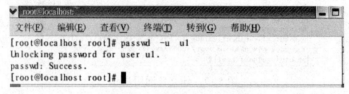

图 5.20 给普通用户 u1 解锁

再输入：
```
[root@localhost root]# vi /etc/shadow
```
如图 5.21 所示，显示第 56 行，普通用户 u1 密码前面的符号"!!"没有了。

图 5.21 普通用户 u1 密码前面的符号"!!"没有了

4. 修改口令

在命令窗口中输入：
```
[root@localhost root]# passwd u1
```
如图 5.22 所示。新的口令输入两次。

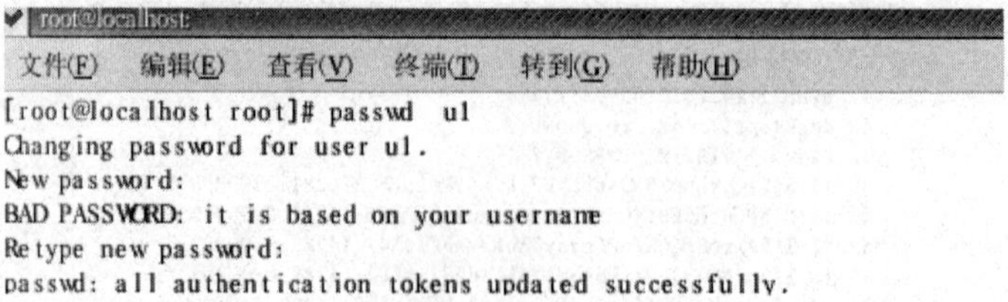

图 5.22 修改口令

5. 删除普通用户 u1

在命令窗口中输入：
```
[root@localhost root]# userdel u1
```
表示删除普通用户 u1，如图 5.23 所示。

第 5 章 用户管理

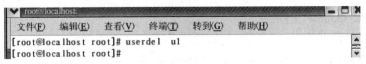

图 5.23 删除普通用户 u1

再输入：

`[root@localhost root]# vi /etc/passwd`

如图 5.24 所示，原来的第 56 行消失了。

图 5.24 原来的第 56 行消失了

5.4 操作题

不用 useradd 命令，新建普通用户 w1。参考步骤如下：

1. 用 vi 修改 3 个配置文件：/etc/passwd，/etc/shadow 和 /etc/group

（1）修改 /etc/passwd 文件

在命令窗口中输入：

`[root@localhost root]# vi /etc/passwd`

再在文件 /etc/passwd 最后（第 57 行）输入：

`w1:x:510:510::/home/w1:/bin/bash`

如图 5.25 所示。

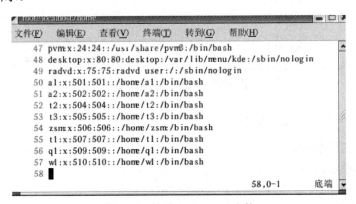

图 5.25 修改 /etc/passwd 文件

（2）修改/etc/shadow 文件

在命令窗口中输入：

[root@localhost root]# vi /etc/shadow

再在文件/etc/shadow 最后（第 57 行）输入：

w1::14304:0:99999:7:::

如图 5.26 所示。

图 5.26 修改/etc/shadow 文件

（3）修改/etc/group 文件

在命令窗口中输入：

[root@localhost root]# vi /etc/group

在文件/etc/group 最后（第 66 行）输入：

w1:x:510:

如图 5.27 所示。

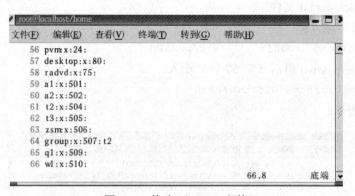

图 5.27 修改/etc/group 文件

2. 建用户主目录并修改其属性

（1）建用户主目录/home/w1

在命令窗口中输入：

[root@localhost root]# mkdir /home/w1

如图 5.28 所示。

第 5 章 用户管理　　85

图 5.28　建用户主目录/home/w1

（2）修改/home/w1 目录的权限

在命令窗口中输入：

[root@localhost root]# cd /home

[root@localhost home]# chmod 700 w1

[root@localhost home]# ls -l

修改/home/w1 目录的权限是 700（即 rwx------），如图 5.29 所示。

（3）修改/home/w1 目录的拥有者

在命令窗口中输入：

[root@localhost home]# chown w1 w1

[root@localhost home]# ls -l

修改/home/w1 目录的拥有者是 w1，如图 5.30 所示。

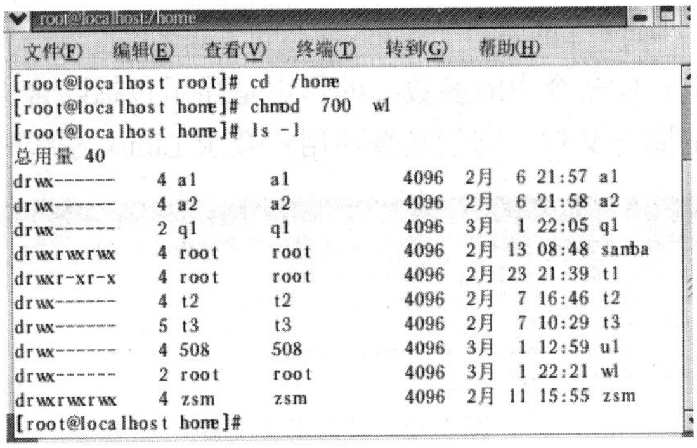

图 5.29　修改/home/w1 目录的权限

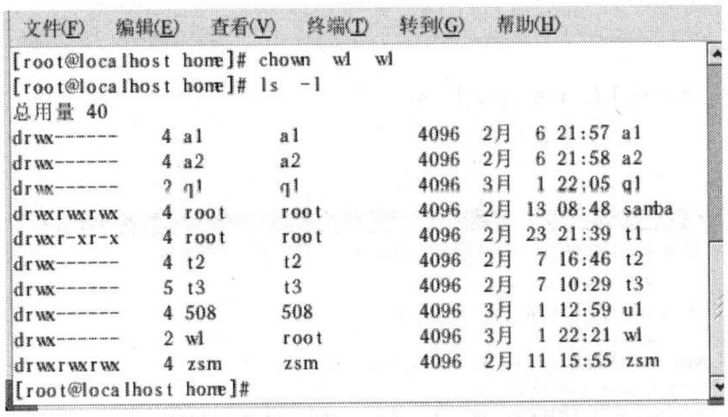

图 5.30　修改/home/w1 目录的拥有者

（4）修改/home/w1 目录所属的组

在命令窗口中输入：

[root@localhost home]# chgrp w1 w1

```
[root@localhost home]# ls -l
```
修改/home/w1 目录所属的组是 w1，如图 5.31 所示。

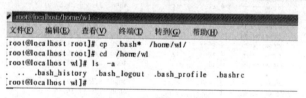

图 5.31　修改/home/w1 目录所属的组

3. 备份隐含文件

在命令窗口中输入：

```
[root@localhost root]# cp .bash* /home/w1
[root@localhost root]# cd /home/w1
[root@localhost w1]# ls -a
```

如图 5.32 所示。其中 ls 命令中的参数-a 的作用是显示包括隐含文件在内的所有文件。看到有 4 个以.bash 开头的隐含文件，它们是普通用户登录 Linux 系统时需要用到的配置文件。

图 5.32　备份隐含文件

4. 设置密码

在命令窗口中输入：

```
[root@localhost root]# passwd w1
```

如图 5.33 所示。

图 5.33　设置密码

至此，普通用户 w1 新建完毕。可以用 w1 登录 Linux 系统了。

第 6 章 设备管理

📖 **学习目标**

通过本章的学习，你将学会
- ◆ 使用装载命令
- ◆ 使用光盘、U 盘、硬盘

6.1 认识 Linux 设备

1. 设备文件

Linux 系统通过设备文件来管理设备。

每个设备对应着有一个设备文件，它主要包括可供系统识别的设备号、设备权限和设备类型等信息。Linux 把所有设备文件都置于/dev 目录下。

在命令窗口中输入：

[root@localhost root]# cd /dev

[root@localhost dev]# ls -l

可以看到很多设备文件，如图 6.1 所示。设备文件名有两部分，前面部分是英语字母，表示设备类型，后面部分是数字，用来区分各个同种类型的设备。

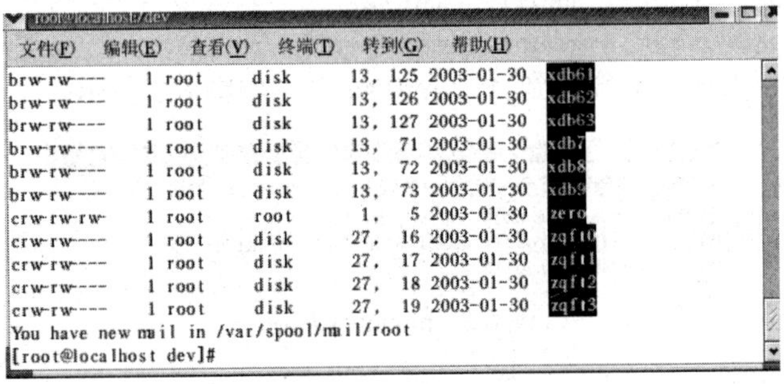

图 6.1 设备文件

常用的设备文件如表 6.1 所示。

表 6.1 常用的设备文件

设备文件	对应的设备
/dev/hda	IDE1 的第 1 个硬盘
/dev/hda1	IDE1 的第 1 个硬盘的第 1 个分区
/dev/hdb	IDE1 的第 2 个硬盘
/dev/hdb1	IDE1 的第 2 个硬盘的第 1 个分区

续表

设备文件	对应的设备
/dev/sda	SCSI 的第 1 个硬盘
/dev/sda1	SCSI 的第 1 个硬盘的第 1 个分区
/dev/sdb	SCSI 的第 2 个硬盘
/dev/sdb1	SCSI 的第 2 个硬盘的第 1 个分区
/dev/cdrom	光驱
/dev/lp0	打印机

2. 块设备和字符设备

在 Linux 系统中，设备分为两种，即块设备和字符设备。

终端、打印机和异步调制解调器都属于字符设备，它们的通信方式是使用字符，一次只发送一个并回送一个字符。ISDN、硬盘驱动器和磁带机则使用块数据通信方式，这对发送大量信息无疑是一种极为快捷的方法，这样的设备称为块设备。

设备文件标明了设备是字符设备还是块设备。只要查看设备文件的类型位，即图 6.1 中第一列的第一个符号，b 表示块设备，c 表示字符设备。如 xdb61 表示块设备，zqft0 表示字符设备。

3. 装载命令

（1）mount 装载命令

格式：mount 设备文件 装载目录

说明：使用设备前，先要把该设备的设备文件装载到 Linux 系统的某个目录中。

在命令窗口中输入：

[root@localhost root]# mkdir /mnt/aa
[root@localhost root]# mount /dev/sda1 /mnt/aa

表示把设备文件/dev/sda1 装载到目录/mnt/aa 中。如图 6.2 所示。

```
[root@localhost:
文件(F)  编辑(E)  查看(V)  终端(T)  转到(G)  帮助(H)
[root@localhost root]# mkdir /mnt/aa
[root@localhost root]# mount /dev/sda1 /mnt/aa
[root@localhost root]#
```

图 6.2 mount 装载命令

（2）umount 卸除命令

格式：umount 设备文件（或装载目录）

说明：设备使用完毕，需要执行卸除操作。

在命令窗口中输入：

[root@localhost root]# umount /dev/sda1

表示卸除/dev/sda1 所对应的设备。如图 6.3 所示。

图 6.3 umount 卸除命令

6.2 使用光盘

用鼠标方法使用光盘参见 2.5 节使用光盘。用鼠标方法使用光盘实际上相当于输入以下 3 条命令：

```
[root@localhost root]# mount /dev/cdrom /mnt/cdrom
[root@localhost root]# cd /mnt/cdrom
[root@localhost root]# ls
```

其中，/mnt/cdrom 称为默认的光盘使用目录。使用光盘一般都是在/mnt/cdrom 上进行，当然也可以在其他目录上进行，操作过程如下所示。

1. 卸除光盘

先把在默认的目录/mnt/cdrom 中使用过的光盘卸除。

在命令窗口中输入：

```
[root@localhost root]# umount /dev/cdrom
```

如图 6.4 所示。

2. 新建光盘使用目录/cdrom

在命令窗口中输入：

```
[root@localhost root]# mkdir /cdrom
```

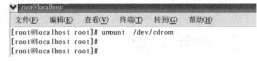

图 6.4　卸除光盘

3. 装载、并使用光盘

在命令窗口中输入：

```
[root@localhost root]# mount /dev/cdrom /cdrom
```

装载成功，弹出一个使用光盘的窗口，进行文件浏览等操作，如图 6.5 所示。和图 2.21 比较一下，图 2.21 中"位置"中的"/mnt/cdrom"变成了图 6.5 中"位置"中的"/cdrom"，其他都相同。

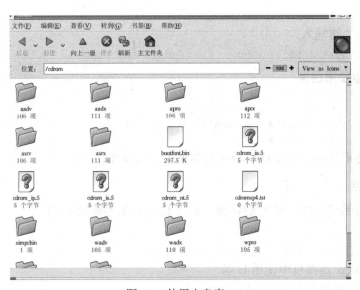

图 6.5　使用光盘窗口

也可通过进入光盘使用目录的方法，进行文件浏览等操作。

在命令窗口中输入：

[root@localhost root]# cd /cdrom
[root@localhost root]# ls

如图 6.6 所示。

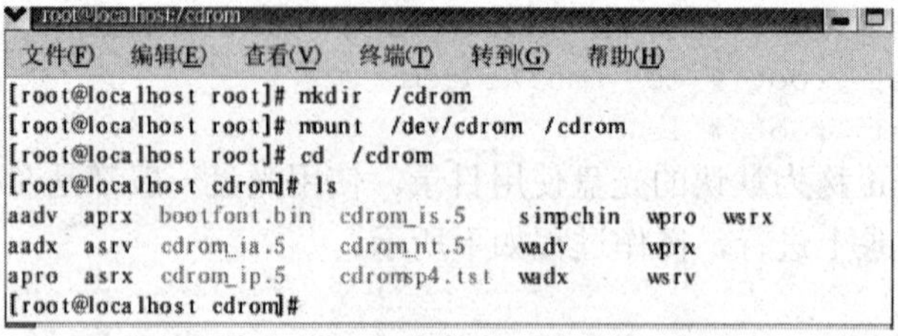

图 6.6　进入光盘使用目录浏览光盘

4. 卸除光盘

光盘使用结束，在取出光盘前，要先卸除光盘。重复第 1 步卸除光盘。

6.3　使用 U 盘

U 盘是一种移动存储设备(USB)，Red Hat Linux 9.0 能自动识别 U 盘，通常被识别为/dev/sda1（具体可以通过 fdisk -l 命令查询，下面将介绍），再装载到使用目录后才能使用。

1. 新建 U 盘使用目录

使用 U 盘前，先要新建一个使用目录，一般都是建立/mnt/usb（当然也可以建立其他目录）。

在命令窗口中输入：

[root@localhost root]# mkdir /mnt/usb

2. 装载 U 盘

先插上 U 盘，再输入：

[root@localhost root]# mount /dev/sda1 /mnt/usb

3. 进入 U 盘使用目录

再输入：

[root@localhost root]# cd /mnt/usb
[root@localhost root]# ls

进入 U 盘使用目录，可以对 U 盘进行各种读、写操作。

4. 卸除 U 盘

和 Windows 系统一样，使用完 U 盘，取下 U 盘前先要卸除 U 盘。

再输入：

[root@localhost root]# umount /dev/sda1

扩充：在 Linux 虚拟机中使用 U 盘

（1）U 盘的设备文件是/dev/sdb1

第 6 章 设备管理

进入 Linux 虚拟机，打开命令窗口后，再插入 U 盘，稍待一会儿，在命令窗口中输入：

[root@localhost root]# fdisk -l

可以看到有一个设备文件/dev/sdb1，就是 U 盘。如图 6.7 所示。

（2）装载和卸除 U 盘

装载 U 盘的命令如下：

[root@localhost root]# mount /dev/sdb1 /mnt/usb

使用结束，卸除 U 盘的命令如下：

[root@localhost root]# umount /dev/sdb1

图 6.7　Linux 虚拟机中的 U 盘设备文件/dev/sdb1

6.4 使用硬盘

6.4.1 硬盘分区

Linux 使用多种存储介质比如硬盘、光盘、U 盘等来保存永久性数据。

硬盘通常用来保存大容量的永久性数据，比如用来安装 Linux 操作系统。和 Windows 系统一样，使用硬盘先要进行分区。硬盘分区信息通常保存在硬盘的第一个扇区（即第 1 面第 0 磁道第 1 扇区），即主引导记录（MBR）。计算机启动时，BIOS 会从 MBR 中读入分区信息，找到活动分区，从而运行、启动已经安装好的操作系统。

1. 显示硬盘分区命令 fdisk -l

在命令窗口中输入：

[root@localhost root]# fdisk -l

如图 6.8 所示，其中，/dev/sda 表示虚拟的硬盘，该硬盘有两个分区：/dev/sda1 和/dev/sda2。

2. 硬盘分区命令：fdisk /dev/sda

硬盘分区会破坏原有的数据，并且不能恢复，因此分区前，要确认硬盘上数据不再使用。

在命令窗口中输入：

[root@localhost root]# fdisk /dev/sda

输入如下命令及其相应的操作如下：

```
文件(F)  编辑(E)  查看(V)  终端(T)  转到(G)  帮助(H)
[root@localhost root]# fdisk  -l

Disk /dev/sda: 8589 MB, 8589934592 bytes
255 heads, 63 sectors/track, 1044 cylinders
Units = cylinders of 16065 * 512 = 8225280 bytes

   Device Boot    Start       End    Blocks   Id  System
/dev/sda1   *         1       765   6144831   83  Linux
/dev/sda2           766       892   1020127+  82  Linux swap
[root@localhost root]#
```

图 6.8　显示硬盘分区

- m——显示所有命令；
- p——显示硬盘分区情况；
- n——新建分区；
- d——删除硬盘分区；
- w——保存分区结果，退出分区操作；
- q——不保存分区结果，退出分区操作。

1）显示所有命令

输入命令 m，显示所有命令如图 6.9 所示。

```
文件(F)  编辑(E)  查看(V)  终端(T)  转到(G)  帮助(H)
[root@localhost root]# fdisk  /dev/sda

The number of cylinders for this disk is set to 1044.
There is nothing wrong with that, but this is larger than 1024,
and could in certain setups cause problems with:
1) software that runs at boot time (e.g., old versions of LILO)
2) booting and partitioning software from other OSs
   (e.g., DOS FDISK, OS/2 FDISK)

Command (m for help): m
Command action
   a   toggle a bootable flag
   b   edit bsd disklabel
   c   toggle the dos compatibility flag
   d   delete a partition
   l   list known partition types
   m   print this menu
   n   add a new partition
   o   create a new empty DOS partition table
   p   print the partition table
   q   quit without saving changes
   s   create a new empty Sun disklabel
   t   change a partition's system id
   u   change display/entry units
   v   verify the partition table
   w   write table to disk and exit
   x   extra functionality (experts only)

Command (m for help):
```

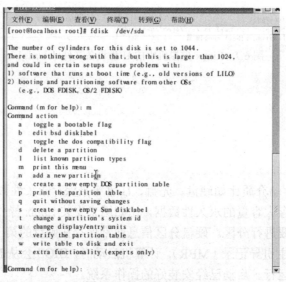

图 6.9　显示所有命令

2）显示硬盘分区情况

输入命令 p，显示有两个分区：/dev/sda1 和/dev/sda2。如图 6.10 所示。

```
文件(F)  编辑(E)  查看(V)  终端(T)  转到(G)  帮助(H)
Command (m for help): p

Disk /dev/sda: 8589 MB, 8589934592 bytes
255 heads, 63 sectors/track, 1044 cylinders
Units = cylinders of 16065 * 512 = 8225280 bytes

   Device Boot    Start       End    Blocks   Id  System
/dev/sda1   *         1       765   6144831   83  Linux
/dev/sda2           766       892   1020127+  82  Linux swap

Command (m for help):
```

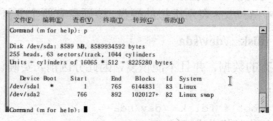

图 6.10　显示硬盘分区情况

3）新建分区

输入命令 n，新建分区如图 6.11 所示。

（1）新建主分区

输入命令 p，新建主分区。如图 6.12 所示。

 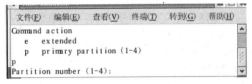

图 6.11　新建分区　　　　　　　　　图 6.12　新建主分区

再输入"3"，即新建第 3 个主分区（第 1、2 个主分区已经建立）。如图 6.13 所示。
输入开始磁道数，取默认值（893），按回车，如图 6.14 所示。

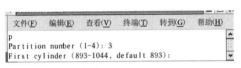 

图 6.13　新建第 3 个主分区　　　　图 6.14　输入第 3 个分区的开始磁道数

输入结束磁道数"902"，按回车，如图 6.15 所示。

第 3 个分区建成，用 p 命令可以看到第 3 个分区/dev/sda3。如图 6.16 所示。

 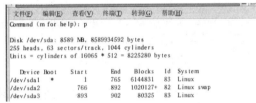

图 6.15　输入第 3 个分区的结束磁道数　　图 6.16　第 3 个分区/dev/sda3 新建完毕

输入"n"，返回到图 6.11 新建分区，继续新建分区。

（2）新建扩展分区

在图 6.11 新建分区中，输入"e"，新建扩展分区。如图 6.17 所示。

图 6.17　新建扩展分区

> **注意**
> 该分区自动编号为第 4 个分区。

输入开始磁道数，取默认值（903），按回车，如图 6.18 所示。

输入结束磁道数，取默认值（1044），按回车，如图6.19所示。

图6.18　输入第4个分区的开始磁道数

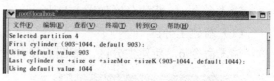
图6.19　输入第4个分区的结束磁道数

第4个分区建成。用p命令可以看到第4个分区/dev/sda4，是Extended（即扩展分区）。如图6.20所示。

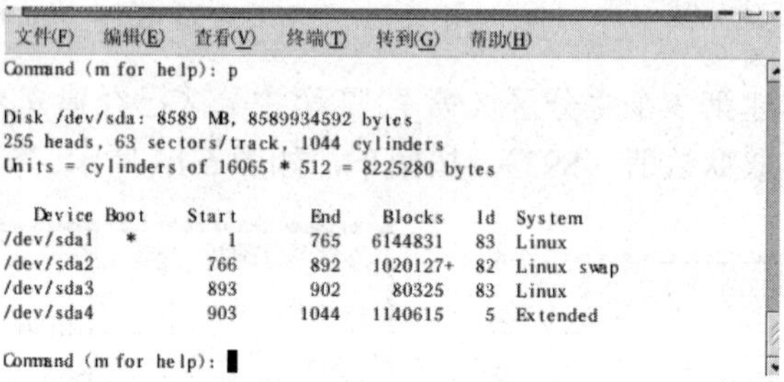

图6.20　第4个分区/dev/sda4新建完毕

输入n命令，新建第5个分区。如图6.21所示。

输入开始磁道数，取默认值（903），按回车，如图6.22所示。

图6.21　新建第5个分区 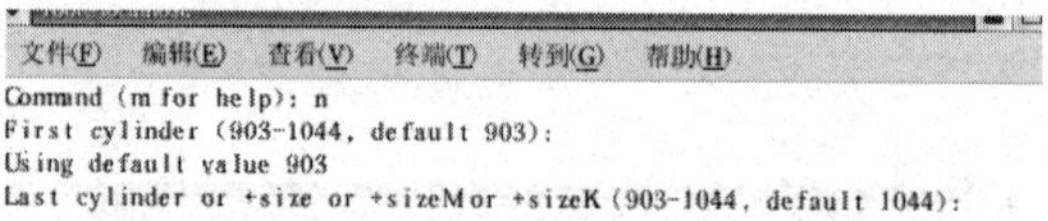　　　　　　图6.22　输入第5个分区的开始磁道数

输入结束磁道数"1002"，按回车，如图6.23所示。

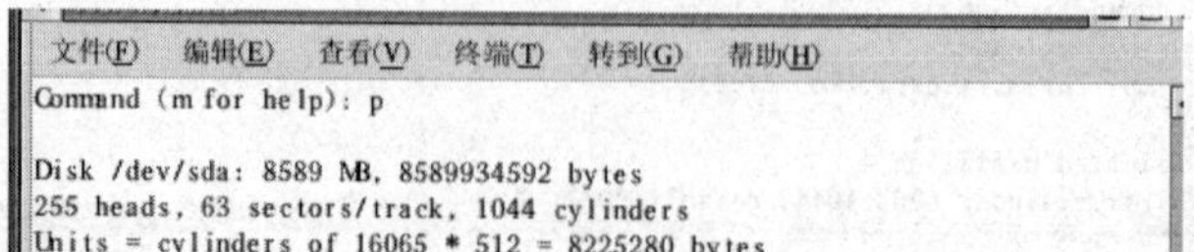

图6.23　输入第5个分区的结束磁道数

第5个分区建成。用p命令可以看到第5个分区/dev/sda5。如图6.24所示。

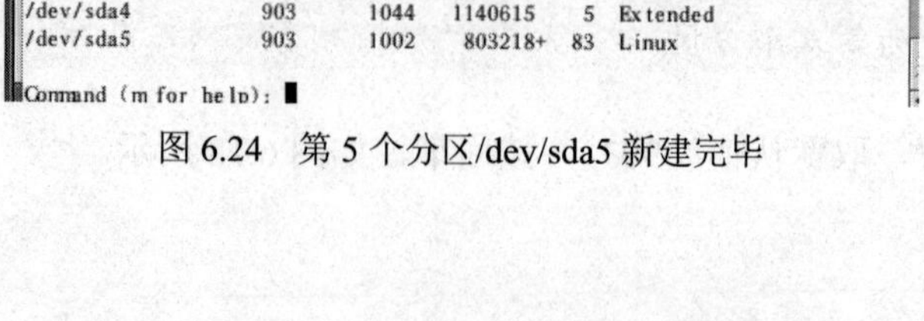

图6.24　第5个分区/dev/sda5新建完毕

输入 n 命令，新建第 6 个分区。如图 6.25 所示。

```
文件(F)  编辑(E)  查看(V)  终端(T)  转到(G)  帮助(H)
Command (m for help): n
First cylinder (1003-1044, default 1003):
```

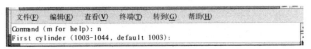

图 6.25　新建第 6 个分区

输入开始磁道数，取默认值（1003），按回车，如图 6.26 所示。

```
文件(F)  编辑(E)  查看(V)  终端(T)  转到(G)  帮助(H)
Command (m for help): n
First cylinder (1003-1044, default 1003):
Using default value 1003
Last cylinder or +size or +sizeM or +sizeK (1003-1044, default 1044):
```

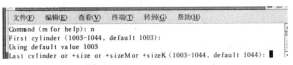

图 6.26　输入第 6 个分区的开始磁道数

输入结束磁道数“1012”，按回车，如图 6.27 所示。

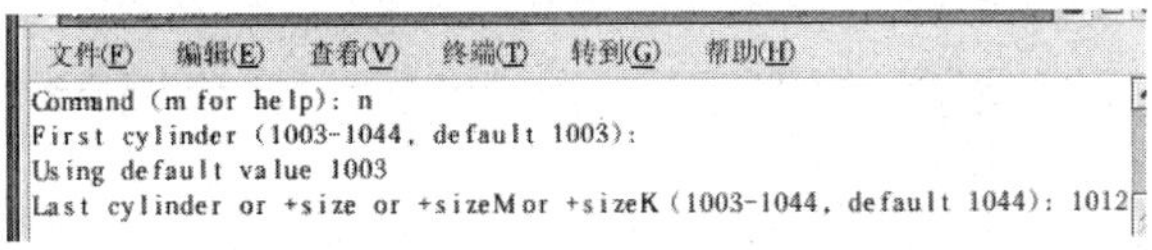

```
文件(F)  编辑(E)  查看(V)  终端(T)  转到(G)  帮助(H)
Command (m for help): n
First cylinder (1003-1044, default 1003):
Using default value 1003
Last cylinder or +size or +sizeM or +sizeK (1003-1044, default 1044): 1012
```

图 6.27　输入第 6 个分区的结束磁道数

第 6 个分区建成。用 p 命令可以看到第 6 个分区/dev/sda6。如图 6.28 所示。

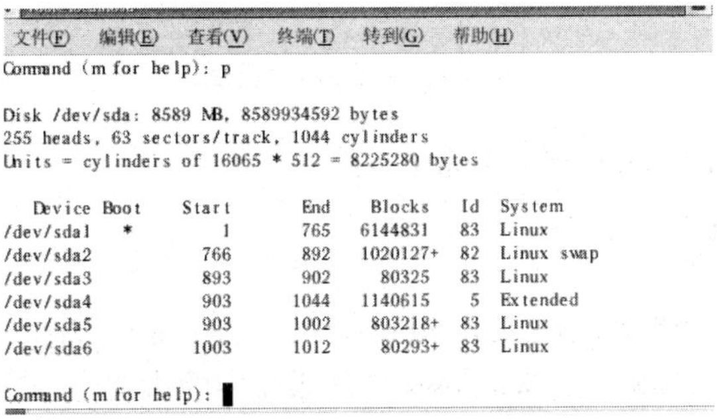

```
文件(F)  编辑(E)  查看(V)  终端(T)  转到(G)  帮助(H)
Command (m for help): p

Disk /dev/sda: 8589 MB, 8589934592 bytes
255 heads, 63 sectors/track, 1044 cylinders
Units = cylinders of 16065 * 512 = 8225280 bytes

   Device Boot    Start       End    Blocks   Id  System
/dev/sda1   *         1       765   6144831   83  Linux
/dev/sda2           766       892   1020127+  82  Linux swap
/dev/sda3           893       902     80325   83  Linux
/dev/sda4           903      1044   1140615    5  Extended
/dev/sda5           903      1002    803218+  83  Linux
/dev/sda6          1003      1012     80293+  83  Linux

Command (m for help):
```

图 6.28　第 6 个分区/dev/sda6 新建完毕

4）删除分区

输入 d 命令，删除分区。如图 6.29 所示。

```
文件(F)  编辑(E)  查看(V)  终端(T)  转到(G)  帮助(H)
Command (m for help): d
Partition number (1-6):
```

图 6.29　删除分区

输入分区号“6”，删除第 6 个分区。如图 6.30 所示。

```
root@localhost
文件(F)  编辑(E)  查看(V)  终端(T)  转到(G)  帮助(H)
Command (m for help): d
Partition number (1-6): 6

Command (m for help):
```

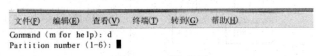

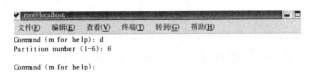

图 6.30　删除第 6 个分区

输入 p 命令，可以看到第 6 个分区已被删除。如图 6.31 所示。

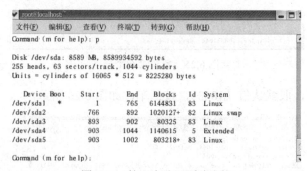

图 6.31　第 6 个分区删除完毕

5）保存分区结果，退出分区操作

输入 w 命令，保存分区结果，退出分区操作。如图 6.32 所示。

图 6.32　保存分区结果

硬盘分区完毕，一定要重新启动 Linux 系统。

6.4.2　建立文件系统

通过硬盘分区新建了诸如/dev/sda3、/dev/sda4、/dev/sda5 等区，但它们还不能被装载使用，还要建立文件系统。实际上，Windows 操作系统中的格式化，就是在建立文件系统。比如 vfat、ntfs 是 Windows 操作系统的文件系统。Linux 操作系统的文件系统有 ext2、ext3 等。

Linux 系统中，整个文件系统呈现出一个树状结构，如图 6.33 所示。顶层是根目录，根目录下有许多子目录，子目录下又有下一级子目录。一个文件系统相当于一个子目录，其挂载到目录树上的点，称为挂载点。比如图 6.33 中的/my 就是一个挂载点，对应的虚框就是一个文件系统。

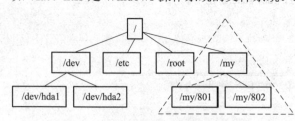

图 6.33　Linux 中文件系统的树状结构

建立文件系统的命令是 mkfs。在命令窗口中输入：

[root@localhost root]# mkfs -V -t ext3 -c /dev/sda5

其中，参数 V 指输出建立文件系统的详细信息，参数 t 指创建的文件系统的类型是后面的 ext3，参数 c 指建立文件系统前首先要检查磁盘的坏块。显示内容较多，特别显眼的是有 4 个连续的 "done"，表明建立文件系统成功了。如图 6.34 所示。

第 6 章　设备管理

```
[root@localhost root]# mkfs -V -t ext3 -c /dev/sda5
mkfs version 2.11y (Feb 24 2003)
mkfs.ext3 -c /dev/sda5
mke2fs 1.32 (09-Nov-2002)
Filesystem label=
OS type: Linux
Block size=4096 (log=2)
Fragment size=4096 (log=2)
100576 inodes, 200804 blocks
10040 blocks (5.00%) reserved for the super user
First data block=0
7 block groups
32768 blocks per group, 32768 fragments per group
14368 inodes per group
Superblock backups stored on blocks:
        32768, 98304, 163840

Checking for bad blocks (read-only test): done
Writing inode tables: done
Creating journal (4096 blocks): done
Writing superblocks and filesystem accounting information: done

This filesystem will be automatically checked every 25 mounts or
180 days, whichever comes first. Use tune2fs -c or -i to override.
[root@localhost root]#
```

图 6.34　建立文件系统

建立文件系统和硬盘分区一样，都会破坏原有的数据，并且不能恢复，因此建立文件系统前，要确认硬盘分区上数据不再使用。

6.4.3　装载使用

建立文件系统后，就可以通过 mount 命令装载使用了。

1. 建立装载目录/mnt/mydisk

在命令窗口中输入：

[root@localhost root]# mkdir /mnt/mydisk

2. 装载文件系统

在命令窗口中输入：

[root@localhost root]# mount /dev/sda5 /mnt/mydisk

没有显示任何出错信息，表明装载文件系统成功。如图 6.35 所示。

3. 进入装载目录，进行读、写操作

在命令窗口中输入：

[root@localhost root]# cd /mnt/mydisk
[root@localhost mydisk]# ls

可以进行读、写操作。如图 6.36 所示。

图 6.35　装载文件系统

图 6.36　进入装载目录，进行读、写操作

4. 使用结束，卸除文件系统

在命令窗口中输入：

[root@localhost mydisk]# cd /root
[root@localhost root]# umount /dev/sda5

如图 6.37 所示。

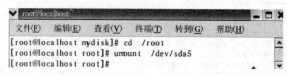

图 6.37 使用结束，卸除文件系统

6.5 操作题

1. 从 http：//dl_dir.qq.com/linuxqq/linuxqq_v1.0.2-beta1_i386.tar.gz 下载一个 Linux 系统的 qq 软件，并借助 U 盘进行安装。

2. 新建一个硬盘分区（查看硬盘分区情况，如果没有空闲空间，删除一个用户分区），然后建文件系统，并装载到/my 目录中。

第 7 章 DHCP 服务器

📖 **学习目标**

通过本章的学习,你将学会
- ◆ 检查、安装 DHCP 服务器软件
- ◆ 配置 DHCP 服务器的 IP 地址
- ◆ 启动、配置和测试 DHCP 服务器

7.1 认识 DHCP 服务器

1. DHCP 服务器简介

DHCP 的全称是 Dynamic Host Configuration Protocol(动态主机分配协议)。DHCP 服务器能自动地配置客户机的 IP 地址、子网掩码、默认网关和 DNS 等。特别是对于一些大型的网络而言,常常需要把一部分客户机从一个子网转移到另一个子网,这些配置工作都由 DHCP 服务器来完成,并且,还能提供像 IP 地址管理策略之类的一些附加信息。

2. DHCP 服务器工作原理

为了方便,我们把上面提到的客户机的 IP 地址、子网掩码、默认网关和 DNS 等称为一个 IP 租约。DHCP 客户机从 DHCP 服务器中获得一个 IP 租约,一般需要经过如图 7.1 所示的 4 个阶段。

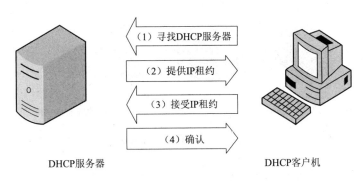

图 7.1 DHCP 服务器工作原理

(1)寻找 DHCP 服务器

DHCP 客户机启动后,向网络上(一个局域网)广播一个 DHCPDISCOVER 信息包,寻找 DHCP 服务器。

(2)提供 IP 租约

网络上所有的 DHCP 服务器都会收到 DHCPDISCOVER 信息包,每个 DHCP 服务器

回应一个 DHCPOFFER 广播信息包（之所以广播，因为客户机还没有 IP 地址），提供一个 IP 租约。

（3）接受 IP 租约

客户机选择第一个收到的 DHCPOFFER 信息包，并向网络广播一个 DHCPREQUEST 信息包（该广播信息包中有所接受的 IP 地址和服务器的 IP 地址），表明已经接受了一个 IP 租约。

（4）确认

被客户机选中的 DHCP 服务器收到 DHCPREQUEST 广播信息包之后，会广播返回一个 DHCPACK 信息包，表明确认已经接受客户机的选择，并将这一 IP 租约的合法租用信息放入该广播包发给客户机，完成 IP 租约的配置过程。

7.2 DHCP 服务器配置和测试

配置、测试一个 DHCP 服务器（Red Hat Linux 9.0），其 IP 地址是 192.168.1.200，子网掩码是 255.255.255.0，默认网关是 192.168.1.1。提供的 IP 地址范围是 192.168.1.130～192.168.1.140。测试用的客户端分别使用红旗 Linux 桌面版 4.0 和 Windows XP 操作系统，IP 地址分别是 192.168.1.20 和 192.168.1.10，子网掩码分别是 255.255.255.0 和 255.255.255.0。如图 7.2 所示。

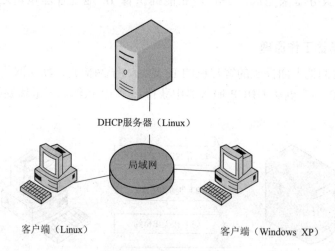

图 7.2 配置 DHCP 服务器

7.2.1 DHCP 服务器的配置过程

1. 检查是否安装了 DHCP 服务器软件

在命令窗口中输入：

```
[root@localhost root]# rpm -qa | grep dhcp
```

如图 7.3 所示。出现了 DHCP 版本信息：dhcp-3.0pl1-23。说明已安装了 DHCP 服务器。

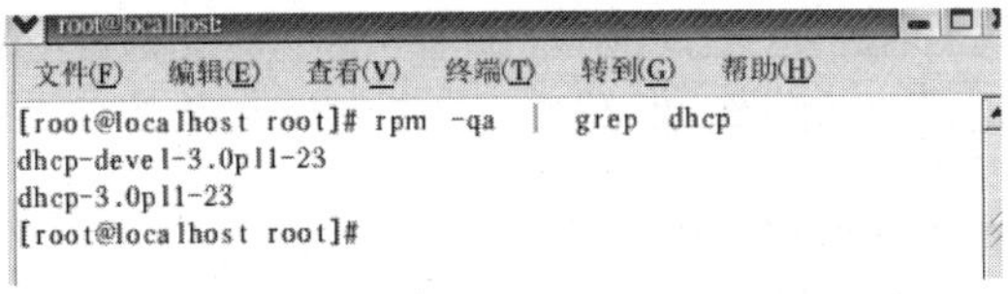

第 7 章 DHCP 服务器

图 7.3 检查是否安装了 DHCP 服务器软件

> **注意**
> 安装 Linux 时，请选择安装全部软件。如果没有安装，可按 2.7 节应用程序管理中所述方法进行安装。

2. 设置服务器 IP 地址

按 2.2 节网络配置中所述方法进行如下设置：

- IP 地址——192.168.1.200；
- 子网掩码——255.255.255.0；
- 默认网关地址——192.168.1.1。

3. 复制 DHCP 服务器配置文件

复制 DHCP 服务器配置文件/usr/share/doc/dhcp-3.0p1/dhcpd.conf.sample 到/etc 目录下，文件命名为 dhcpd.conf。命令如下：

[root@localhost root]#cp /usr/share/doc/dhcp-3.0pl1/dhcpd.conf.sample /etc/dhcpd.conf

如图 7.4 所示。

图 7.4 复制 DHCP 服务器配置文件

4. 修改 DHCP 服务器配置文件

用 vi 或其他文本文件编辑工具，打开配置文件/etc/dhcpd.conf，把第 4 行改成：

subnet 192.168.1.0 netmask 255.255.255.0 {

即设置网段号为 192.168.1.0，掩码为 255.255.255.0，具体参见附录 A.1 中的 DHCP 服务器配置参数详解。把第 21 行改成：

range dynamic-bootp 192.168.1.130 192.168.1.140;

即提供的动态分配 IP 地址的范围 192.168.1.130～192.168.1.140。如图 7.5 所示。

5. 启动 DHCP 服务器

在命令窗口中输入：

[root@localhost root]# service dhcpd start

显示结果：

启动 dhcpd: [确定]

表示 DHCP 服务器启动成功。如图 7.6 所示。

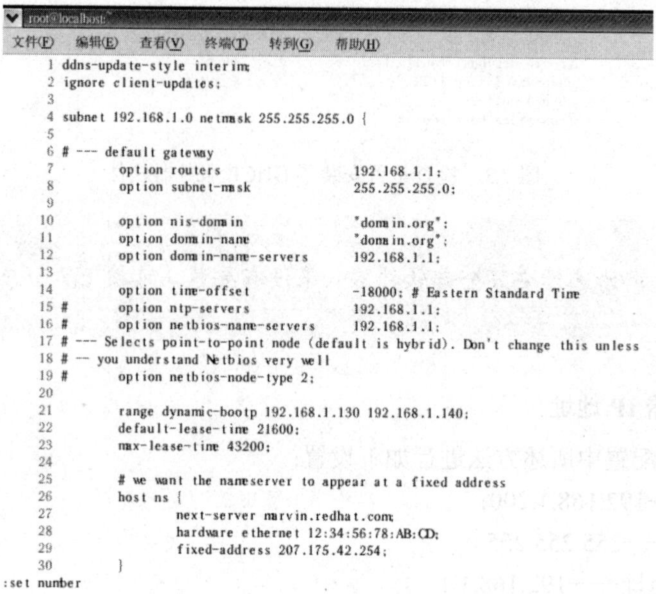

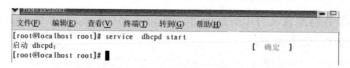

图 7.5 修改 DHCP 服务器配置文件

图 7.6 DHCP 服务器启动成功

7.2.2 DHCP 服务器的测试过程

1. Windows 客户端测试

在客户机的 Windows 桌面上右击网上邻居，在弹出的快捷菜单中选择"属性"，打开网上邻居的属性窗口，如图 7.7 所示。右击本地连接 2（对应第二个网卡），在弹出的快捷菜单中选择"属性"，打开"本地连接 2 属性"对话框，如图 7.8 所示。选择"Internet 协议"，单击"属性"按钮，打开"Internet 协议（TCP/IP）属性"对话框，选择"自动获得 IP 地址"单选按钮，如图 7.9 所示。

图 7.7 打开网上邻居的属性窗口

第 7 章 DHCP 服务器

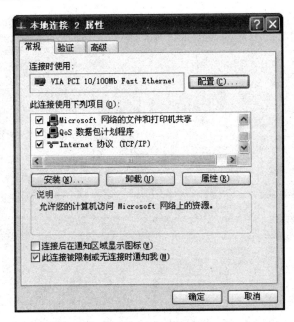

图 7.8 "本地连接 2 属性"对话框

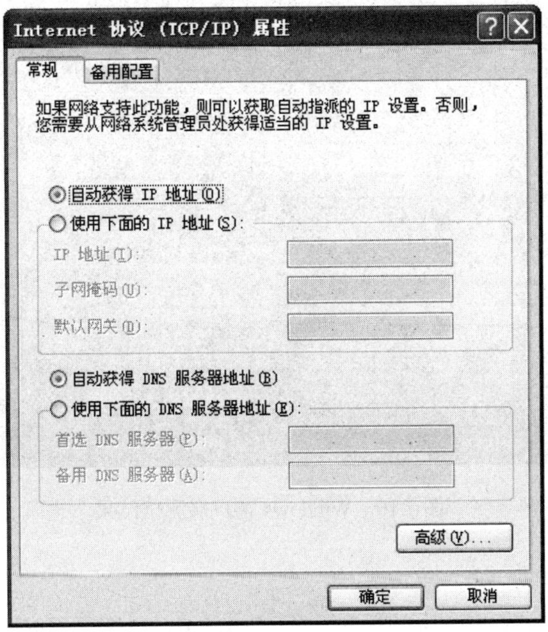

图 7.9 选择自动获得 IP 地址

在桌面上选择"开始"|"程序"|"附件"|"命令"打开提示符窗口,输入:
C:\Documents and Settings\Administrator>ipconfig

其中,C:\Documents and Settings\Administrator>是命令提示符窗口的提示符,不用输入。可以看到其中的本地连接 2 的 IP 地址是 192.168.1.140。

Windows 客户端测试结果如图 7.10 所示。

对照一下,DHCP 服务器提供的 IP 租约中 IP 地址范围是 192.168.1.130~192.168.1.140。

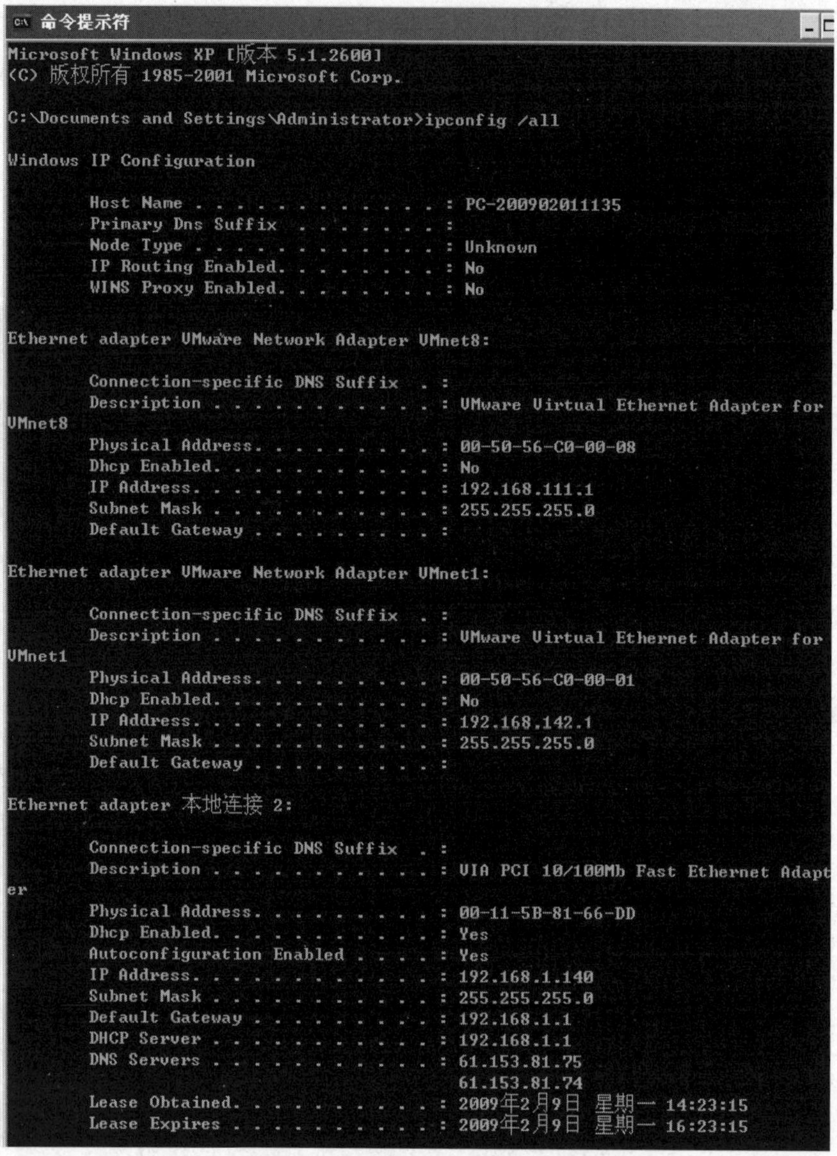

```
命令提示符
Microsoft Windows XP [版本 5.1.2600]
(C) 版权所有 1985-2001 Microsoft Corp.

C:\Documents and Settings\Administrator>ipconfig /all

Windows IP Configuration

        Host Name . . . . . . . . . . . . : PC-200902011135
        Primary Dns Suffix  . . . . . . . :
        Node Type . . . . . . . . . . . . : Unknown
        IP Routing Enabled. . . . . . . . : No
        WINS Proxy Enabled. . . . . . . . : No

Ethernet adapter VMware Network Adapter VMnet8:

        Connection-specific DNS Suffix  . :
        Description . . . . . . . . . . . : VMware Virtual Ethernet Adapter for
 VMnet8
        Physical Address. . . . . . . . . : 00-50-56-C0-00-08
        Dhcp Enabled. . . . . . . . . . . : No
        IP Address. . . . . . . . . . . . : 192.168.111.1
        Subnet Mask . . . . . . . . . . . : 255.255.255.0
        Default Gateway . . . . . . . . . :

Ethernet adapter VMware Network Adapter VMnet1:

        Connection-specific DNS Suffix  . :
        Description . . . . . . . . . . . : VMware Virtual Ethernet Adapter for
 VMnet1
        Physical Address. . . . . . . . . : 00-50-56-C0-00-01
        Dhcp Enabled. . . . . . . . . . . : No
        IP Address. . . . . . . . . . . . : 192.168.142.1
        Subnet Mask . . . . . . . . . . . : 255.255.255.0
        Default Gateway . . . . . . . . . :

Ethernet adapter 本地连接 2:

        Connection-specific DNS Suffix  . :
        Description . . . . . . . . . . . : VIA PCI 10/100Mb Fast Ethernet Adapt
er
        Physical Address. . . . . . . . . : 00-11-5B-81-66-DD
        Dhcp Enabled. . . . . . . . . . . : Yes
        Autoconfiguration Enabled . . . . : Yes
        IP Address. . . . . . . . . . . . : 192.168.1.140
        Subnet Mask . . . . . . . . . . . : 255.255.255.0
        Default Gateway . . . . . . . . . : 192.168.1.1
        DHCP Server . . . . . . . . . . . : 192.168.1.1
        DNS Servers . . . . . . . . . . . : 61.153.81.75
                                            61.153.81.74
        Lease Obtained. . . . . . . . . . : 2009年2月9日 星期一 14:23:15
        Lease Expires . . . . . . . . . . : 2009年2月9日 星期一 16:23:15
```

图 7.10　Windows 客户端测试结果

2. Linux 客户端测试

在客户机 Linux 桌面上右击"网上邻居",打开网上邻居的属性窗口,确认"IP 地址"栏中的设置是"自动",如图 7.11 所示。否则,单击"修改参数"按钮,在打开的窗口中,选择"自动获取",如图 7.12 所示。

在命令窗口中输入:

[root@localhost root]# ifconfig

可以看到 eth0 的 IP 地址是 192.168.1.139。

Linux 客户端测试结果如图 7.13 所示。

对照一下,DHCP 服务器提供的 IP 租约中 IP 地址范围是 192.168.1.130～192.168.1.140。

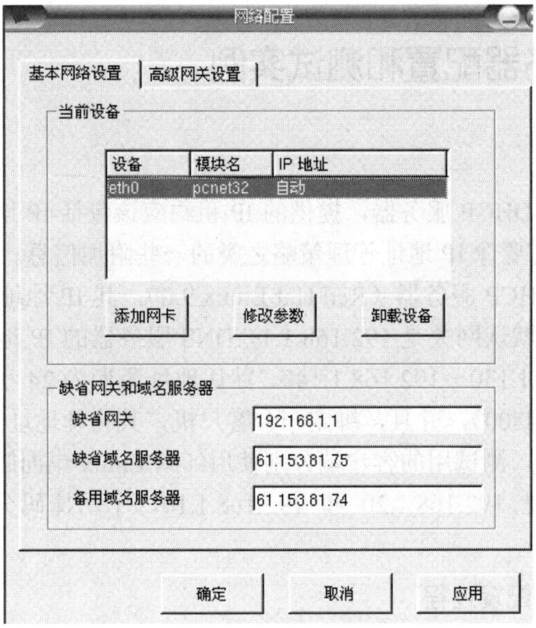

第 7 章 DHCP 服务器

图 7.11 网上邻居的属性窗口

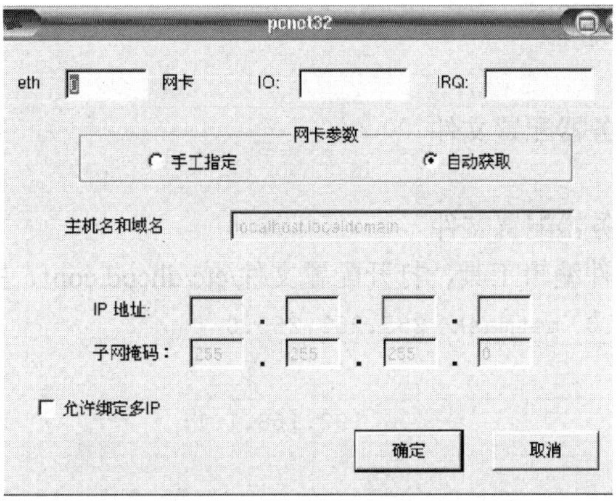

图 7.12 选择"自动获取"

图 7.13 Linux 客户端测试结果

7.3 DHCP 服务器配置和测试实例

1. 任务说明

一个有实用价值的 DHCP 服务器,提供的 IP 租约应该包括 IP 地址、子网掩码、默认网关和 DNS 等,有时还需要像 IP 地址管理策略之类的一些附加信息。

配置、测试一个 DHCP 服务器(Red Hat Linux 9.0),其 IP 地址是 192.168.1.200,子网掩码是 255.255.255.0,默认网关是 192.168.1.1,DNS 服务器的 IP 地址是 192.168.1.1,提供的 IP 地址范围 192.168.1.130~192.168.1.140,默认地址租期为 24 小时(86400),最大地址租期为 7×24 小时(604800),并且,绑定一台客户机,其物理地址为 00-0C-76-5B-B4-78,IP 地址为 192.168.1.135。测试用的客户端分别使用红旗 Linux 桌面版 4.0 和 Windows XP 操作系统,IP 地址分别是 192.168.1.20 和 192.168.1.10,子网掩码分别是 255.255.255.0 和 255.255.255.0。

2. DHCP 服务器的配置过程

(1) 检查是否安装了 DHCP 服务器软件

参见 7.2.1 节。

(2) 设置服务器 IP 地址

参见 7.2.1 节。

(3) 复制 DHCP 服务器配置文件

参见 7.2.1 节。

(4) 修改 DHCP 服务器配置文件

用 vi 或其他文本文件编辑工具,打开配置文件/etc/dhcpd.conf,把第 4 行改成:

```
subnet 192.168.1.0 netmask 255.255.255.0 {          #设置子网号和子网掩码
```
把第 7 行改成:
```
option routers                  192.168.1.1;        #设置路由器 IP 地址
```
把第 8 行改成:
```
option subnet-mask              255.255.255.0;      #设置子网掩码
```
把第 12 行改成:
```
option domain-name-servers      192.168.1.1;        #设置 DNS 服务器 IP 地址
```
把第 21 行改成:
```
range dynamic-bootp 192.168.1.130 192.168.1.140;    #设置待分配的 IP 地址范围
```
把第 22 行改成:
```
default-lease-time 86400;                           #设置默认租约时间
```
把第 23 行改成:
```
max-lease-time 604800;                              #设置最大租约时间
```
把第 26 行到第 30 行改成:
```
    host ns {                                       #绑定客户机
        next-server marvin.redhat.com;
```

```
            hardware ethernet 00:0C:76:5B:B4:78;          #设置物理地址
            fixed-address 192.168.1.135;                  #设置 IP 地址
}
```

如图 7.14 所示。

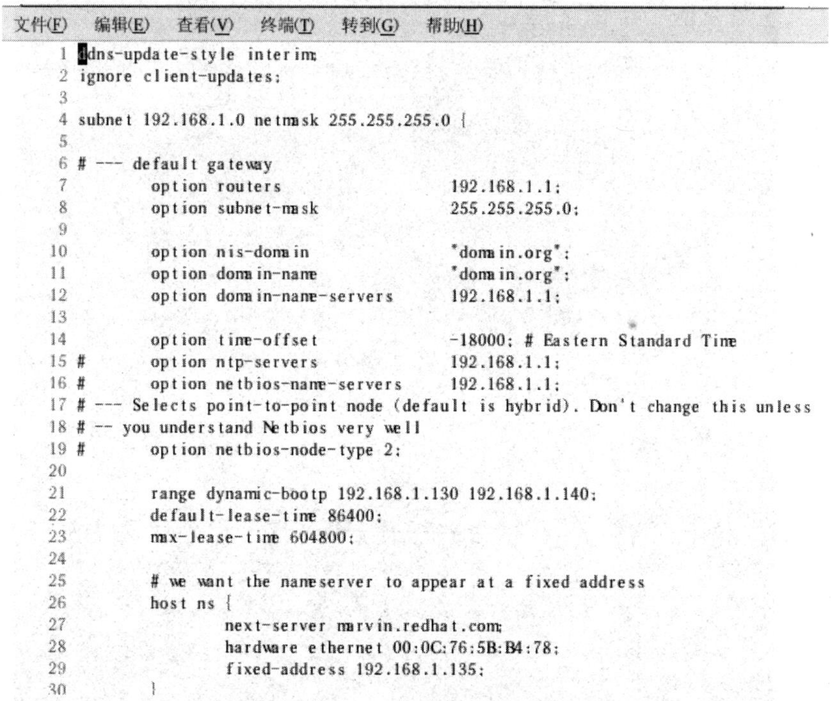

```
1  ddns-update-style interim;
2  ignore client-updates;
3
4  subnet 192.168.1.0 netmask 255.255.255.0 {
5
6  # --- default gateway
7          option routers                  192.168.1.1;
8          option subnet-mask              255.255.255.0;
9
10         option nis-domain               "domain.org";
11         option domain-name              "domain.org";
12         option domain-name-servers      192.168.1.1;
13
14         option time-offset              -18000; # Eastern Standard Time
15 #       option ntp-servers              192.168.1.1;
16 #       option netbios-name-servers     192.168.1.1;
17 # --- Selects point-to-point node (default is hybrid). Don't change this unless
18 # -- you understand Netbios very well
19 #       option netbios-node-type 2;
20
21         range dynamic-bootp 192.168.1.130 192.168.1.140;
22         default-lease-time 86400;
23         max-lease-time 604800;
24
25         # we want the nameserver to appear at a fixed address
26         host ns {
27                 next-server marvin.redhat.com;
28                 hardware ethernet 00:0C:76:5B:B4:78;
29                 fixed-address 192.168.1.135;
30         }
```

图 7.14 修改 DHCP 服务器配置文件

（5）启动 DHCP 服务器

参见 7.2.1 节。

3. DHCP 服务器的测试过程

（1）Windows 客户端测试

用上一节相同的方法设置 Windows 客户端的 IP 地址为自动获取（参见 7.2.2 节 DHCP 服务器的测试过程），再在命令提示符窗口中输入：

C:\Documents and Settings\Administrator> ipconfig /all

结果如图 7.15 所示。可以看到其中的本地连接 2 的 IP 地址是 192.168.1.140，

对照一下，DHCP 服务器提供的 IP 租约中 IP 地址范围是 192.168.1.130～192.168.1.140。

（2）Linux 客户端测试

设置 Linux 客户端的 IP 地址为自动获取（参见 7.2.2 节 DHCP 服务器的测试过程），再在命令窗口中输入：

[root@localhost root]# ifconfig

结果如图 7.16 所示。可以看到 eth0 的 IP 地址是 192.168.1.139。对照一下，DHCP 服务器提供的 IP 租约中 IP 地址范围是 192.168.1.130～192.168.1.140。

```
命令提示符
Microsoft Windows XP [版本 5.1.2600]
(C) 版权所有 1985-2001 Microsoft Corp.

C:\Documents and Settings\Administrator>ipconfig /all

Windows IP Configuration

        Host Name . . . . . . . . . . . . : PC-200902011135
        Primary Dns Suffix  . . . . . . . :
        Node Type . . . . . . . . . . . . : Unknown
        IP Routing Enabled. . . . . . . . : No
        WINS Proxy Enabled. . . . . . . . : No

Ethernet adapter VMware Network Adapter VMnet8:

        Connection-specific DNS Suffix  . :
        Description . . . . . . . . . . . : VMware Virtual Ethernet Adapter for VMnet8
        Physical Address. . . . . . . . . : 00-50-56-C0-00-08
        Dhcp Enabled. . . . . . . . . . . : No
        IP Address. . . . . . . . . . . . : 192.168.111.1
        Subnet Mask . . . . . . . . . . . : 255.255.255.0
        Default Gateway . . . . . . . . . :

Ethernet adapter VMware Network Adapter VMnet1:

        Connection-specific DNS Suffix  . :
        Description . . . . . . . . . . . : VMware Virtual Ethernet Adapter for VMnet1
        Physical Address. . . . . . . . . : 00-50-56-C0-00-01
        Dhcp Enabled. . . . . . . . . . . : No
        IP Address. . . . . . . . . . . . : 192.168.142.1
        Subnet Mask . . . . . . . . . . . : 255.255.255.0
        Default Gateway . . . . . . . . . :

Ethernet adapter 本地连接 2:

        Connection-specific DNS Suffix  . :
        Description . . . . . . . . . . . : VIA PCI 10/100Mb Fast Ethernet Adapter
        Physical Address. . . . . . . . . : 00-11-5B-81-66-DD
        Dhcp Enabled. . . . . . . . . . . : Yes
        Autoconfiguration Enabled . . . . : Yes
        IP Address. . . . . . . . . . . . : 192.168.1.140
        Subnet Mask . . . . . . . . . . . : 255.255.255.0
        Default Gateway . . . . . . . . . : 192.168.1.1
        DHCP Server . . . . . . . . . . . : 192.168.1.1
        DNS Servers . . . . . . . . . . . : 61.153.81.75
                                            61.153.81.74
        Lease Obtained. . . . . . . . . . : 2009年2月9日 星期一 14:23:15
        Lease Expires . . . . . . . . . . : 2009年2月9日 星期一 16:23:15
```

图 7.15 Windows 客户端测试结果

```
[root@localhost root]# ifconfig
eth0      Link encap:Ethernet  HWaddr 00:0C:29:51:74:AF
          inet addr:192.168.1.139  Bcast:192.168.1.255  Mask:255.255.255.0
          UP BROADCAST RUNNING MULTICAST  MTU:1500  Metric:1
          RX packets:246 errors:0 dropped:0 overruns:0 frame:0
          TX packets:70 errors:0 dropped:0 overruns:0 carrier:0
          collisions:0 txqueuelen:100
          RX bytes:19633 (19.1 Kb)  TX bytes:9168 (8.9 Kb)
          Interrupt:10 Base address:0x1080

lo        Link encap:Local Loopback
          inet addr:127.0.0.1  Mask:255.0.0.0
          UP LOOPBACK RUNNING  MTU:16436  Metric:1
          RX packets:4 errors:0 dropped:0 overruns:0 frame:0
          TX packets:4 errors:0 dropped:0 overruns:0 carrier:0
          collisions:0 txqueuelen:0
          RX bytes:398 (398.0 b)  TX bytes:398 (398.0 b)

[root@localhost root]#
```

图 7.16 Linux 客户端测试结果

7.4 操作题

配置、测试一个 DHCP 服务器（Red Hat Linux 9.0），其 IP 地址是 10.1.2.200，子网掩码是 255.0.0.0，默认网关是 10.1.2.1，DNS 服务器 IP 地址是 10.1.2.200，提供的 IP 地址范围是 10.1.2.130～10.1.2.140。测试用的客户端分别使用红旗 Linux 桌面版 4.0 和 Windows XP 操作系统，IP 地址分别是 10.1.2.20 和 10.1.2.10，子网掩码分别是 255.0.0.0 和 255.0.0.0。

第 8 章　Samba 服务器

> 📖 **学习目标**
> 通过本章的学习，你将学会
> ◆ 检查、安装 Samba 服务器软件
> ◆ 配置 Samba 服务器的 IP 地址
> ◆ 启动、配置和测试 Samba 服务器

8.1　认识 Samba 服务器

1. Samba 服务器简介

Windows 主机之间使用"网上邻居"来实现文件共享。Linux 系统之间及 Linux 系统与 Windows 系统之间使用服务器信息块协议（Server Message Block，SMB）来实现文件共享。

Samba 就是一组 SMB 协议，应用在 Linux 系统与 Windows 系统之间，通过"网上邻居"的方式来实现文件共享。

2. Samba 服务器工作原理

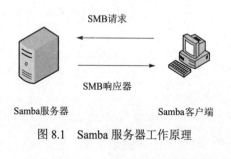

图 8.1　Samba 服务器工作原理

如图 8.1 所示，SMB 协议以客户端/服务器为架构。Samba 服务器提供文件系统、打印服务和其他网络资源，以响应来自 SMB 客户端的请求。

Samba 客户端连接 SMB 服务器可以使用的协议有 TCP/IP，NetBEUI，IPX/SPX 等，连接成功后，SMB 客户端即可使用 SMB 命令，进行文件资源共享。

8.2　Samba 服务器配置和测试

Samba 服务器最基本的功能是实现 Windows 主机和 Linux 主机之间的文件共享。

配置、测试一个 Samba 服务器（Red Hat Linux 9.0）。服务器的 IP 地址是 192.168.1.200，子网掩码是 255.255.255.0，默认网关是 192.168.1.1，给匿名用户提供一个共享文件夹 /home/samba。测试用的客户端分别使用红旗 Linux 桌面版 4.0 和 Windows XP 操作系统，IP 地址分别是 192.168.1.20 和 192.168.1.10，子网掩码分别是 255.255.255.0 和 255.255.255.0。如图 8.2 所示。

第 8 章 Samba 服务器

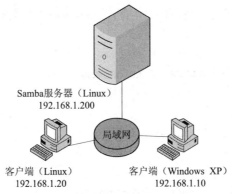

图 8.2 Samba 服务器的配置

8.2.1 Samba 服务器的配置过程

1. 检查是否安装了 Samba 服务器软件

在命令窗口中输入：

`[root@localhost root]# rpm -qa | grep samba`

如图 8.3 所示，出现了 samba 版本号：samba-2.2.7a-7.9.0。表明已安装了 Samba 服务器软件。

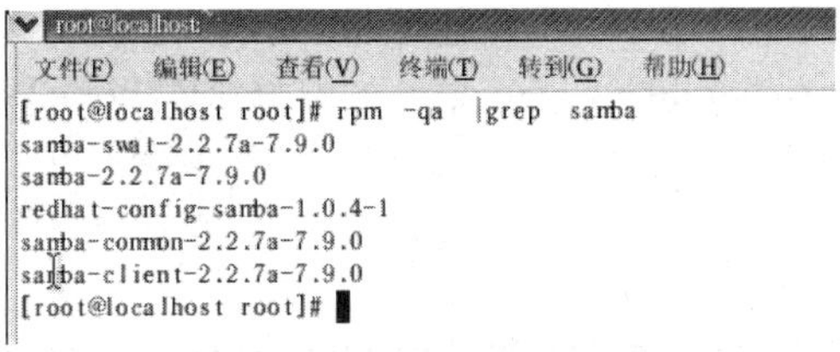

图 8.3 检查是否安装了 Samba 服务器软件

> **注意**
> 安装 Linux 时，请选择安装全部软件。如果没有安装，可按 2.7 节应用程序管理中所述方法进行安装。

2. 设置服务器 IP 地址

按 2.2 节网络配置中所述方法进行如下设置：
- IP 地址——192.168.1.200；
- 子网掩码——255.255.255.0；
- 默认网关地址——192.168.1.1。

3. 修改配置文件 /etc/samba/smb.conf

用 vi 或其他文本文件编辑工具，打开配置文件 /etc/samba/smb.conf，把其中的第 18 行的内容改成

`workgroup = jsj200`

即设置工作组名为 jsj200。具体参见附录 A.2 Samba 服务器配置参数详解。
将第 20 行内容改为

```
server string = samba server
```

即设置服务器主机的说明信息为 samba server。
将第 21 行内容改为

```
security = share
```

即设置服务器的安全等级为 share。
增加第 22 行，内容如下：

```
netbios name = my
```

即设置出现在"网上邻居"中的主机名为 my。
第 189～195 行，每行前面都加上"；"（前面加"；"的都是注解项），改为

```
;[homes]
;       comment = Home Directories
;       browseable = no
;       writeable = yes
;       valid users = %S
;       create mode = 0664
;       directory mode = 0775
```

最后，增加第 307～311 行，内容如下：

```
[root]
        comment = root
        path = /home/samba           ;路径是/home/samba
        guest ok = yes               ;允许匿名访问
        writable = yes               ;匿名用户有写权限
```

如图 8.4 所示。

图 8.4　修改配置文件/etc/samba/smb.conf

4. 新建共享文件夹

在命令窗口中输入：

```
[root@localhost root]# cd /home
[root@localhost home]# mkdir samba
[root@localhost home]# chmod 777 samba
```

如图 8.5 所示。

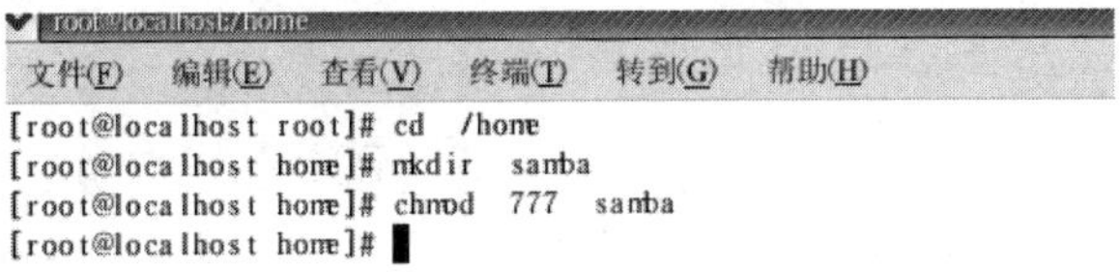

图 8.5　新建共享文件夹

5. 启动 Samba 服务器

在命令窗口中输入：

```
[root@localhost root]# service smb start
```

如图 8.6 所示。显示：

启动 SMB 服务：　　　　　　　[确定]
启动 NMB 服务：　　　　　　　[确定]

表示 Samba 服务器启动成功。如图 8.6 所示。

图 8.6　Samba 服务器启动成功

8.2.2　Samba 服务器的测试过程

1. Windows 客户端测试

用 7.2.2 节中描述的方法打开 Internet 协议（TCP/IP）的属性窗口，设置 Windows 客户端的 IP 地址如图 8.7 所示。选择"使用下面的 IP 地址"，在"IP 地址"中输入"192.168.1.10"，在"子网掩码"中输入"255.255.255.0"，在"默认网关"中输入"192.168.1.1"。

选择"使用下面的 DNS 服务器地址"，在"首选 DNS 服务器"中输入"192.168.1.200"。单击"确定"按钮。

双击 Windows 客户端桌面上的"网上邻居"，出现共享图标"Jsj200"，如图 8.8 所示。双击共享

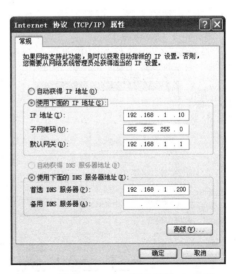

图 8.7　设置 Windows 客户端的 IP 地址

图标"Jsj200",出现了 Samba 服务器的图标"samba server(My)",如图 8.9 所示。双击 Samba 服务器的图标,出现共享文件夹"root",进行共享访问。如图 8.10 所示。

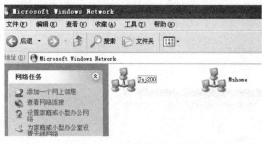

图 8.8　共享图标"Jsj200"

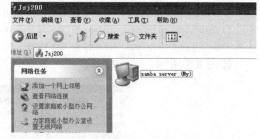

图 8.9　Samba 服务器图标

图 8.10　共享文件夹"root"

2. Linux 客户端测试

用 7.2.2 节中描述的方法打开在 Linux 客户端网上邻居的属性窗口,进行网络设置,如图 8.11 所示。在"缺省网关"中输入"192.168.1.1",在"缺省域名服务器"中输入"192.168.1.200"。

单击"修改参数",在打开的窗口中选择"手工指定",在"IP 地址"中输入"192.168.1.20",在"子网掩码"中输入"255.255.255.0",如图 8.12 所示。

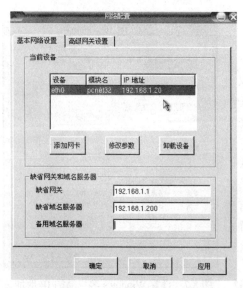

图 8.11　Linux 客户网络设置

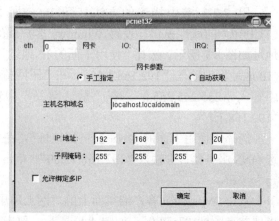

图 8.12　设置 Linux 客户端网卡参数

在 Linux 客户端的命令窗口中输入 smb 命令：

[root@localhost root]# smbclient -L 192.168.1.200

其中，参数 L 的作用是显示 Samba 服务器（其 IP 地址为 192.168.1.200）所有共享资源信息。当显示"Password:"时，直接回车，可以看到 Samba 服务器的共享资源，工作组 JSJ200，服务器 MY，共享文件夹 root，如图 8.13 所示。

在 Linux 客户端的命令窗口中输入 smb 命令：

[root@localhost root]# smbmount //192.168.1.200/root /mnt

把 Samba 服务器（其 IP 地址为 192.168.1.200）的共享文件夹/home/samba（/root）装载到 Linux 客户端的/mnt 文件夹中。当显示 Password：时，直接回车，表示 Samba 服务器的共享文件夹/home/samba 已经装载到 Linux 客户端的/mnt 文件夹中，进行共享访问。如图 8.14 所示。

图 8.13　显示 Samba 服务器的共享资源

图 8.14　Samba 服务器的共享文件夹

8.3　Samba 服务器配置和测试实例

1. 任务说明

配置、测试一个 Samba 服务器（Red Hat Linux 9.0），服务器的 IP 地址是 192.168.1.200，子网掩码是 255.255.255.0，默认网关是 192.168.1.1，给匿名用户提供一个共享文件夹/home/samba，再给注册用户 t1 提供一个共享文件夹/home/t1。测试用的客户端分别使用红旗 Linux 桌面版 4.0 和 Windows XP 操作系统，IP 地址分别是 192.168.1.20 和 192.168.1.10，子网掩码分别是 255.255.255.0 和 255.255.255.0。

2. Samba 服务器的配置过程

（1）检查是否安装了 Samba 服务器软件

参见 8.2.1 节。

（2）设置服务器 IP 地址

参见 8.2.1 节。

（3）修改 Samba 服务器配置文件/etc/samba/smb.conf

用 vi 或其他文本文件编辑工具，打开配置文件/etc/samba/smb.conf，将第 18 行的内容改成

workgroup = jsj200

将第 20 行的内容改为

```
    server string = samba server
```
将第 21 行的内容改为
```
    security = share
```
增加 22 行，内容如下：
```
    netbios name = my
```
第 189～195 行，每行前面都加上";"，改成
```
;[homes]
;    comment = Home Directories
;    browseable = no
;    writeable = yes
;    valid users = %S
;    create mode = 0664
;    directory mode = 0775
```
最后，增加第 301～305 行，内容如下：
```
[t1]
    comment = t1
    path = /home/t1
    valid users = t1                        ;允许注册用户 t1 共享访问
    writable = yes
```
增加第 307～311 行，内容如下：
```
[root]
    comment = root
    path = /home/samba
    guest ok = yes                          ;允许匿名用户 t1 共享访问
    writable = yes
```
如图 8.15 所示。

图 8.15　修改配置文件/etc/samba/smb.conf

（4）新建共享文件夹

参见 8.2.1 节。

（5）新建共享用户 t1

在命令窗口中输入：

[root@localhost root]# useradd t1

[root@localhost root]# passwd t1

重复输入两次口令，再输入：

[root@localhost root]# smbpasswd -a t1   ;设置 samba 口令

重复输入两次口令。如图 8.16 所示。

图 8.16　新建共享用户 t1

（6）启动 Samba 服务器

参见 8.2.1 节。

3. Samba 服务器的测试过程

（1）Windows 客户端测试

设置 Windows 客户端的 IP 地址和 DNS 服务器地址（参见 8.2.2 节）：

- IP 地址——192.168.1.10；
- 子网掩码——255.255.255.0；
- 默认网关——192.168.1.1；
- 首选 DNS 服务器——192.168.1.200。

进行共享访问。双击 Windows 客户端桌面上的网上邻居，出现共享图标 Jsj200，双击共享图标 Jsj200，出现共享图标"samba server（my）"，双击共享图标"samba server（my）"，出现一个给匿名用户访问的共享文件夹"root"和一个给注册用户"t1"访问的共享文件夹"t1"。如图 8.17 所示。

图 8.17　共享文件夹"root"和"t1"

注意

这里的共享文件夹"t1"是给注册用户 t1 访问的,需要输入注册用户 t1 的用户名和口令。

(2) Linux 客户端测试

设置 Linux 客户端的 IP 地址(参见 8.2.2 节):
- IP 地址——192.168.1.20;
- 子网掩码——255.255.255.0;
- 默认网关——192.168.1.1;
- 默认域名服务——192.168.1.200。

进行共享访问。在 Linux 客户端的命令窗口中输入:

```
[root@localhost root]# smbclient -L 192.168.1.200
```

其中,参数 L 的作用是显示 Samba 服务器(其 IP 地址为 192.168.1.200)所有共享资源信息。当显示 Password:时,直接回车,可以看到 Samba 服务器的共享资源信息有工作组 JSJ200,服务器 MY,共享文件夹 root(/home/samba),和共享文件夹 t1(/home/t1),如图 8.18 所示。

图 8.18 显示 Samba 服务器的共享资源信息

在命令窗口中输入:

```
[root@localhost root]# mkdir /mnt/root
[root@localhost root]# mkdir /mnt/t1
[root@localhost root]# smbmount //192.168.1.200/root /mnt/root
```

当显示 Password:时,直接回车,Samba 服务器中的共享文件夹 /home/samba(//192.168.1.200/root)成功地装载到 Linux 客户端的/mnt/root 文件夹中,就可以进行共享访问了。如图 8.19 所示。

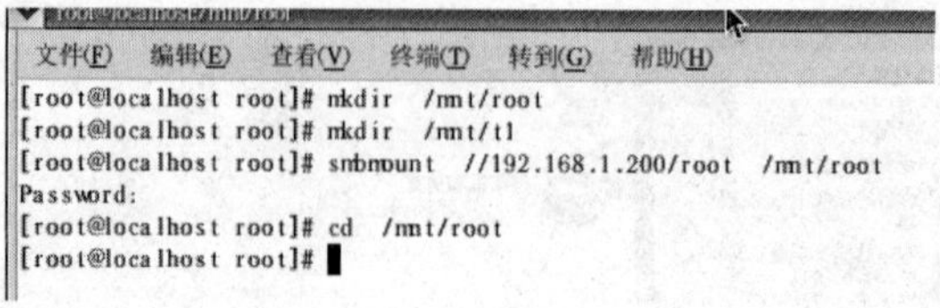

图 8.19 匿名用户共享 Samba 服务器中的共享文件夹

第 8 章 Samba 服务器

再输入：

[root@localhost root]# smbmount //192.168.1.200/t1 /mnt/t1 -o username=t1

其中，参数"-o username=t1"的作用是注册用户 t1 进行文件共享。当显示 Password：时，必须输入注册用户 t1 的口令，口令核对通过后，Samba 服务器中的共享文件夹/home/t1（//192.168.1.200/t1）成功地装载到 Linux 客户端的/mnt/t1 文件夹中，进行共享访问。如图 8.20 所示。

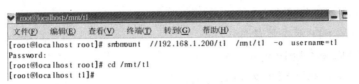

图 8.20 注册用户共享 Samba 服务器中的共享文件夹

8.4 操作题

配置、测试一个 Samba 服务器（Red Hat Linux 9.0），其 IP 地址是 10.1.2.200，子网掩码是 255.0.0.0，默认网关是 10.1.2.1，给匿名用户提供一个共享文件夹/home/guest，给注册用户 t1 提供一个共享文件夹/home/t1，给注册用户 t2 提供一个共享文件夹/home/t2。测试用的客户端分别使用红旗 Linux 桌面版 4.0 和 Windows XP 操作系统，IP 地址分别是 10.1.2.20 和 10.1.2.10，子网掩码分别是 255.0.0.0 和 255.0.0.0。

第 9 章　FTP 服务器

📖 学习目标

通过本章的学习，你将学会
- ◆ 检查、安装 FTP 服务器软件
- ◆ 配置 FTP 服务器的 IP 地址
- ◆ 启动、配置和测试 FTP 服务器

9.1　认识 FTP 服务器

1. FTP 服务器概述

FTP 即文件传输协议（File Transfer Protocol）。文件传输是指将一台计算机中的文件发送到另一台计算机上。比如，将远程计算机中的文件备份到自己的计算机中，称为下载（download）；将自己计算机中的文件发送给远方计算机，称为上传（upload）。

FTP 服务器用来管理和控制文件传输，给用户设置权限。比如，允许匿名用户（或者注册用户）浏览哪些文件，哪些用户可以下载，下载哪些文件，哪些用户可以上传，上传到哪个目录等。

2. FTP 服务器工作原理

FTP 服务器与大多数 Internet 服务器类似，也是以客户端/服务器（C/S）为架构。FTP 客户端使用一个支持 FTP 协议的程序（比如 Gftp）连接到 FTP 服务器，向 FTP 服务器发出命令，FTP 服务器执行命令，并将命令的执行结果返回给 FTP 客户端。

FTP 服务器工作原理如图 9.1 所示。其中有两个端口：一个用作控制端口（即 21 端口），用于建立控制连接，发送指令给 FTP 客户端，以及等待 FTP 客户端的响应；另一个用作数据传输端口（即 20 端口），用于建立数据传输连接，与 FTP 客户端建立数据传输通道。其中，控制连接在整个 FTP 期间都保持接通状态，需要传输文件时，数据传输连接就建立，文件传输结束，数据传输连接就断开，最后，当结束 FTP 操作时，控制连接才断开。

9.2　FTP 服务器配置和测试

配置、测试一台 FTP 服务器（Red Hat Linux 9.0），其 IP 地址是 192.168.1.200，子网掩码是 255.255.255.0，默认网关是 192.168.1.1，提供给匿名用户一个下载区。测试用的客户端分别使用红旗 Linux 桌面版 4.0 和 Windows XP 操作系统，IP 地址分别是 192.168.1.20 和 192.168.1.10，子网掩码分别是 255.255.255.0 和 255.255.255.0。FTP 服务器配置如图 9.2 所示。

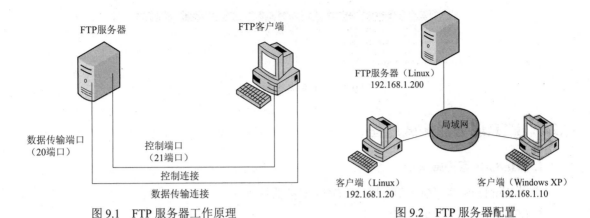

图 9.1　FTP 服务器工作原理　　　　　图 9.2　FTP 服务器配置

9.2.1　FTP 服务器的配置过程

1. 检查是否安装了 FTP 服务器软件

在命令窗口中输入：

`[root@localhost root]# rpm -qa | grep vsftpd`

如图 9.3 所示。出现了 FTP 版本号 vsftpd-1.1.3-8 表明已安装了 FTP 服务器软件。

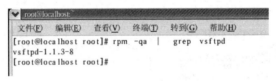

图 9.3　检查是否安装了 FTP 服务器软件

> **注意**
> 安装 Linux 时，请选择安装全部软件。如果没有安装，可按 2.7 节应用程序管理中所述的方法进行安装。

2. 设置服务器 IP 地址

按 2.2 节中所述方法设置：

- IP 地址——192.168.1.200；
- 子网掩码——255.255.255.0；
- 默认网关地址——192.169.1.1。

3. 启动 FTP 服务器

在命令窗口中输入：

`[root@localhost root]# service vsftpd start`

显示：

为 vsftpd 启动 vsftpd:　　　　　　　　　[确定]

如图 9.4 所示，表示 FTP 服务器启动成功。

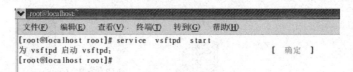

图 9.4 FTP 服务器启动成功

9.2.2 FTP 服务器测试过程

1. Windows 客户端测试

设置 Windows 客户端的 IP 地址和 DNS 服务器地址（参见 8.2.2 节）：
- IP 地址——192.168.1.10；
- 子网掩码——255.255.255.0；
- 默认网关——192.168.1.1；
- 首选 DNS 服务器——192.168.1.200。

在 Windows 客户端的 Web 浏览器地址栏上输入"ftp：//192.168.1.200"，看到有一个 pub 文件夹，并且，可以下载 pub 文件夹中的文件，结果如图 9.5 所示。

图 9.5 Windows 客户端测试结果

2. Linux 客户端测试

设置 Linux 客户端的 IP 地址（参见 8.2.2 节）：
- 默认网关——192.168.1.1；
- 默认域名服务器——192.168.1.200；
- IP 地址——192.168.1.20；
- 子网掩码——255.255.255.0。

在 Linux 客户端的 Web 浏览器地址栏上输入"ftp：//192.168.1.200"，看到有一个 pub 文件夹，并且，可以下载 pub 文件夹中的文件，结果如图 9.6 所示。

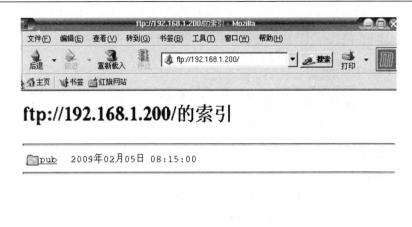

图 9.6　Linux 客户端测试结果

9.3　FTP 服务器配置和测试实例

1. 任务说明

一个有实用价值的 FTP 服务器，必须对访问 FTP 服务器的用户进行管理。一般给匿名用户提供一个下载区（也可以提供上传区），给注册用户提供一个下载和上传区（也可以只提供下载区或上传区）。

配置、测试一台 FTP 服务器（Red Hat Linux 9.0），其 IP 地址是 192.168.1.200，子网掩码是 255.255.255.0，默认网关是 192.168.1.1。给匿名用户提供一个公共的下载区 pub，和一个公共上传区 upload，给注册用户（用户名 t1）提供一个专用的下载和上传区/home/t1。测试的客户端分别是 Linux 和 Windows，IP 地址分别是 192.168.1.20 和 192.168.1.10，子网掩码分别是 255.255.255.0 和 255.255.255.0。

2. FTP 服务器的配置过程

（1）检查是否安装了 FTP 服务器软件

参见 9.2.1 节。

（2）设置服务器 IP 地址

参见 9.2.6 节。

（3）建立注册用户 t1

在命令窗口中输入：

```
[root@localhost root]# useradd t1
[root@localhost root]# passwd t1
```

如图 9.7 所示。

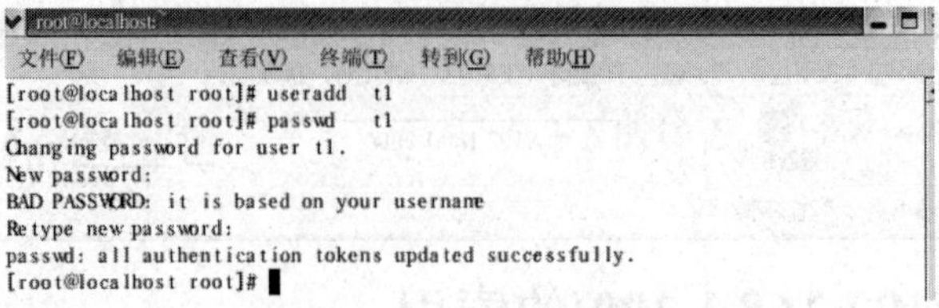

图 9.7 建立注册用户 t1

（4）建立上传区

在命令窗口中输入：

[root@localhost root]# cd /var/ftp
[root@localhost ftp]# mkdir upload
[root@localhost ftp]# chmod 733 upload

如图 9.8 所示。

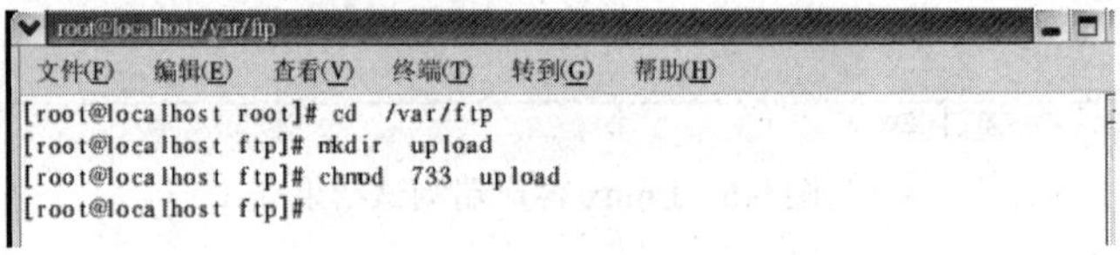

图 9.8 建立上传区

（5）修改配置文件/etc/vsftpd/vsftpd.conf

用 vi 或其他文本文件编辑工具，打开配置文件/etc/vsftpd/vsftpd.conf，把第 22 行

#anon_upload_enable=YES

中的第 1 个符号"#"去掉，使配置有效，即匿名用户可以上传。具体参见附录 A.3 FTP 服务器配置参数详解。把第 26 行

#anon_mkdir_write_enable=YES

中的第 1 个符号"#"去掉，使配置有效，即匿名用户可以写。如图 9.9 所示。

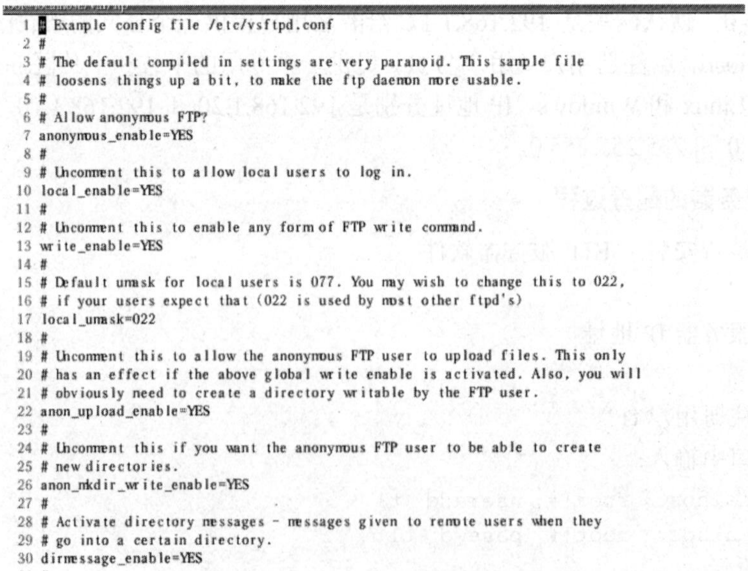

图 9.9 修改配置文件/etc/vsftpd/vsftpd.conf

（6）启动 FTP 服务器

参见 9.2.1 节。

3. FTP 服务器的测试过程

（1）Windows 客户端测试

设置 Windows 客户端的 IP 地址和 DNS 服务器（参见 9.2.2 节）：

- IP 地址——192.168.1.10；
- 子网掩码——255.255.255.0；
- 默认网关——192.168.1.1；
- 首选 DNS 服务器——192.168.1.200。

① 匿名登录 FTP 服务器。在 Windows 客户端的 Web 浏览器地址栏上输入"ftp://192.168.1.200"。如图 9.10 所示，显示有 pub 和 upload 两个文件夹，并且，可以打开 pub 文件夹，并下载 pub 文件夹中的文件；也可以上传文件到 upload 文件夹中。打开 upload 文件夹，虽然 upload 文件夹里不显示上传的文件，但是，只要进入 FTP 服务器的/var/ftp/upload 目录，就能看到上传的文件。

图 9.10　匿名登录 FTP 服务器

② 注册用户登录 FTP 服务器。在 Windows 客户端的 Web 浏览器地址栏上输入 ftp://t1:root123@192.168.1.200（其中 root123 是注册用户 t1 的密码），显示下载和上传区/home/t1 中没有任何文件，但是，可以上传文件，上传的文件可以修改，也可以删除，如图 9.11 所示。

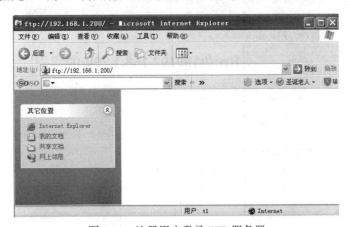

图 9.11　注册用户登录 FTP 服务器

（2）Linux 客户端测试

设置 Linux 客户端的 IP 地址（参见 9.2.2 节）：

- 默认网关——192.168.1.1；
- 默认域名服务器——192.168.1.200；
- IP 地址——192.168.1.20；
- 子网掩码——255.255.255.0。

① 匿名登录 FTP 服务器。在 Linux 客户端的浏览器地址栏上输入 "ftp：//192.168.1.200"。如图 9.12 所示，显示有 pub 和 upload 两个文件夹，并且，可以打开 pub 文件夹，下载 pub 文件夹中的文件；也可以上传文件到 upload 文件夹中。打开 upload 文件夹，虽然 upload 文件夹里不显示上传的文件，但是，只要进入 FTP 服务器的/var/ftp/upload 目录，就能看到上传的文件。

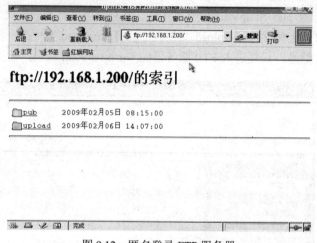

图 9.12　匿名登录 FTP 服务器

② 注册用户登录 FTP 服务器。在 Linux 客户端的浏览器地址栏上输入 ftp：//t1：root123@192.168.1.200。如图 9.13 所示，看到下载和上传区/home/t1 中没有任何文件，但是，可以上传文件，上传的文件也可以修改，也可以删除。

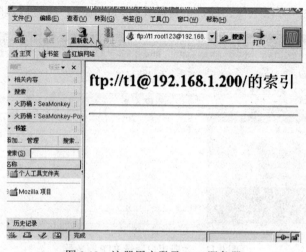

图 9.13　注册用户登录 FTP 服务器

9.4 操作题

1. 配置、测试 FTP 服务器（Red Hat Linux 9.0），IP 地址是 192.168.1.200，子网掩码是 255.255.255.0，默认网关是 192.168.1.1。设置一个公共上传区/var/ftp/qq，供多个匿名用户上传文件，但是，所有匿名用户都不能修改也不能删除/var/ftp/qq 中的文件。再设置一个注册用户（用户名 ww，口令 root123），允许其对/var/ftp/qq 中的文件进行下载、上传、修改和删除处理。测试用的客户端分别使用红旗 Linux 桌面版 4.0 和 Windows XP 操作系统，IP 地址分别是 192.168.1.20 和 192.168.1.10，子网掩码分别是 255.255.255.0 和 255.255.255.0。

2. 配置、测试 FTP 服务器（Red Hat Linux 9.0），IP 地址是 192.168.1.200，子网掩码是 255.255.255.0，默认网关是 192.168.1.1。完成以下两个功能。一、不允许匿名用户登录。二、创建两个注册用户账号分别为 t1 和 t2，t1 的密码是 123456，t2 的密码是 ABCDEF。t1 对自己的目录（/home/t1）有读、写权限，t2 对自己的目录（/home/t2）有读、写权限，但是都不能离开自己的目录。测试用的客户端分别使用红旗 Linux 桌面版 4.0 和 Windows XP 操作系统，IP 地址分别是 192.168.1.20 和 192.168.1.10，子网掩码分别是 255.255.255.0 和 255.255.255.0。

重点提示

1. FTP 服务器的配置过程

（1）修改配置文件/etc/vsftpd/vsftpd.conf

把第 7 行：

anonymous_enable=yes

改成：

anonymous_enable=no   #不允许匿名用户登录

把第 22 行和 26 行的第 1 个符号"#"去掉。

把第 91 行：#chroot_list_enable=YES 前面的"#"去掉，

把第 93 行：#chroot_list_file=/etc/vsftpd.chroot_list 前面的"#"去掉，即此两行配置有效，文件/etc/vsftpd.chroot_list 里的用户不能离开自己的目录。如图 9.14 所示。

（2）创建文件/etc/vsftpd.chroot_list

用 vi 或其他文本文件编辑工具，创建一个文件/etc/vsftpd.chroot_list，用户名 t1、t2 各占一行，如图 9.15 所示。

2. FTP 服务器的测试过程

1）使用 Windows 客户端测试

在 Windows 客户端的 Web 浏览器地址栏上输入 ftp: //192.168.1.200，显示一个注册用户登录窗口（匿名用户无法登录），如图 9.16 所示。注册用户完成登录后，才可以进行下载、上传。

下面验证注册用户不能离开自己的目录。

在 Windows 客户端，选择"开始"|"程序"|"附件"|"命令"打开命令提示符窗口，输入：

C:\Documents and Settings\Administrator>ftp 192.168.1.200

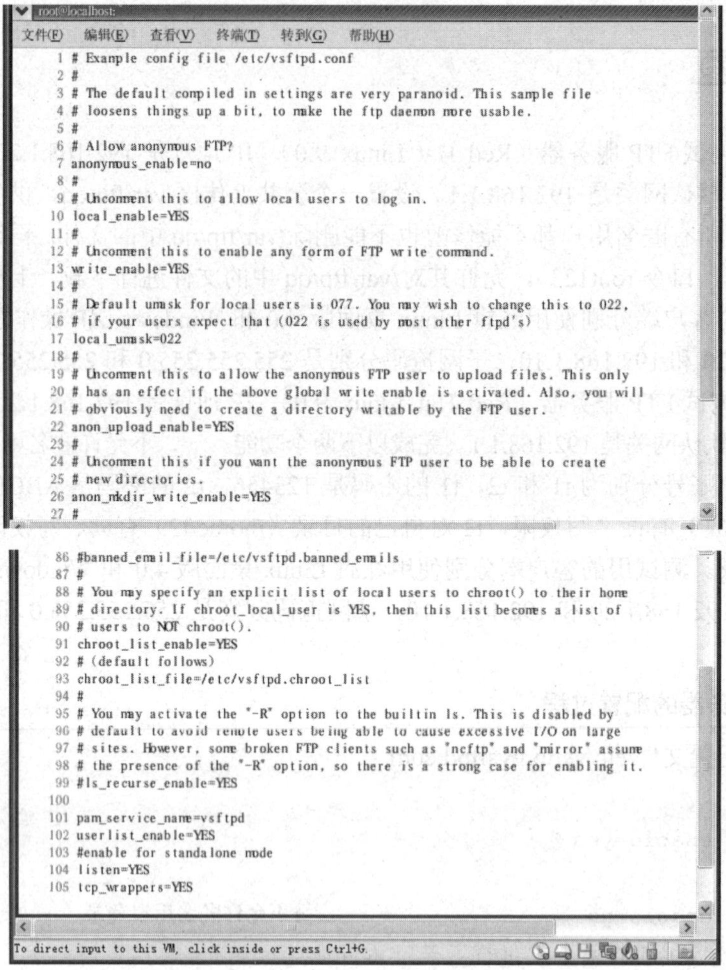

图 9.14 修改配置文件/etc/vsftpd/vsftpd.conf

图 9.15 创建文件/etc/vsftpd.chroot_list

用注册用户 t2 登录，再用 pwd 命令，显示的当前目录是"/"（实际上是 FTP 服务器的目录/home/t2）。如图 9.17 所示。此时，不能用 cd 命令进入其他目录。

若把文件/etc/vsftpd.chroot_list 中的第 2 行：

t2

删掉，再重新启动 FTP 服务器，即在命令窗口中输入：

[root@localhost root]# service vsftpd restart

回到 Windows 客户端的命令提示符窗口，输入：

C:\Documents and Settings\Administrator> ftp 192.168.1.200

接着用注册用户 t2 登录后，再用 pwd 命令，显示的当前目录是"/home/t2"，此时，可以用 cd 命令进入其他目录，即注册用户可以离开自己的目录，如图 9.18 所示。

第 9 章 FTP 服务器

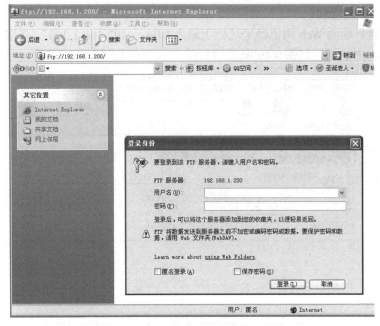

图 9.16 注册用户登录窗口

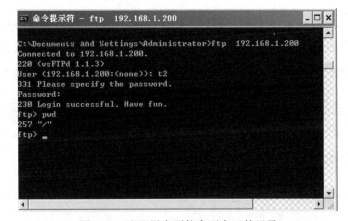

图 9.17 注册用户不能离开自己的目录

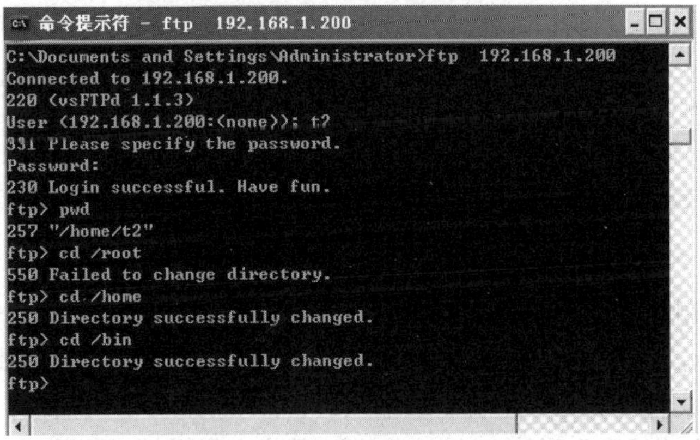

图 9.18 注册用户可以离开自己的目录

2）Linux 客户端测试

在 Linux 客户端的 Web 浏览器地址栏上输入"ftp：//192.168.1.200"，弹出一个出错窗口，即不允许匿名用户登录。如图 9.19 所示。

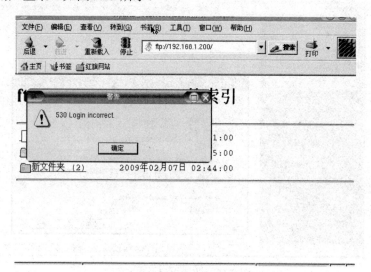

图 9.19　不允许匿名用户登录

在 Linux 客户端的 Web 浏览器地址栏上输入"ftp：//t2：root123@192.168.1.200"，弹出一个空白窗口，即表示可以进行下载、上传。注册用户登录的窗口如图 9.20 所示。

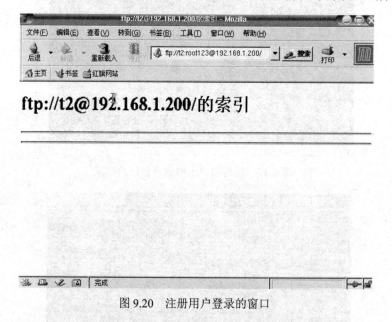

图 9.20　注册用户登录的窗口

（1）验证注册用户不能改变当前目录

如图 9.21 所示，打开 gftp 软件。窗口左边显示 FTP 客户端当前目录是/root，和/root 目录下的所有文件和文件夹。在"主机"栏输入"192.168.1.200"，"端口"栏输入"21"，"用户名"栏输入"t2"，"口令"栏输入"root123"。单击主机图标进行连接，连接成功后，窗口右边显示 FTP 服务器的当前目录"/"（实际上是/home/t2 目录）和"/"目录下的所有文件和文件夹。单击窗口中间的箭头按钮，可以进行上传或下载。此时，FTP 服务器的当前目录"/"是不能改变的。

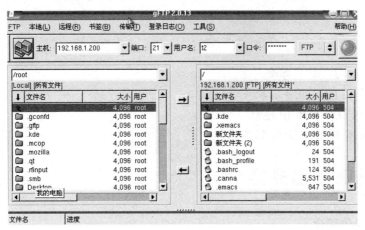

图 9.21　注册用户不能改变当前目录

（2）验证注册用户可以改变当前目录

把文件/etc/vsftpd.chroot_list 中的第 2 行：

t2

删掉，重新启动 FTP 服务器。在命令窗口中输入：

[root@localhost root]# service vsftpd Restart

如图 9.22 所示，重新打开 gftp 软件，窗口左边显示 FTP 客户端当前目录/root 和/root 目录下的所有文件和文件夹，在"主机"栏输入"192.168.1.200"，"端口"栏输入"21"，"用户名"栏输入"t2"，"口令"栏输入"root123"。单击主机图标进行连接，成功后，窗口右边显示 FTP 服务器当前目录/home/t2 和/home/t2 目录下的所有文件和文件夹。单击窗口中间的箭头按钮，可以进行上传或下载。此时，FTP 服务器的当前目录/home/t2 是可以改变的。

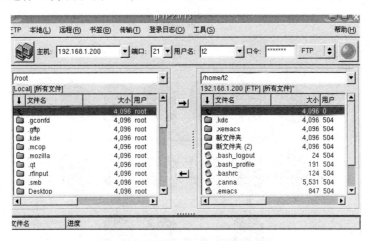

图 9.22　注册用户可以改变当前目录

第 10 章　DNS 服务器

📖 **学习目标**

通过本章的学习，你将学会
◆ 检查、安装 DNS 服务器软件
◆ 配置 DNS 服务器的 IP 地址
◆ 启动、配置和测试 DNS 服务器

10.1　认识 DNS 服务器

1. DNS 服务器简介

DNS 即域名系统（Domain Name System）或者域名服务（Domain Name Service）。DNS 是 Internet 上最核心的服务之一。

在 TCP/IP 中，用 IP 地址来标识系统，比如，用 IP 地址 61.164.87.130 来标识 LUPA 社区。而在实际应用时，则用域名地址来标识系统，比如，用域名地址 www.lupaworld.com 来标识 LUPA 社区。DNS 能够将域名地址翻译成 IP 地址也能将 IP 地址翻译成域名地址。一般来说，把 IP 地址翻译为域名称为反向解析，把域名翻译为 IP 地址称为正向解析。

2. DNS 服务器工作原理

域名系统是一个关于 Internet 上主机信息的分布式数据库。域名系统的结构是一个树状结构，称为域名空间，如图 10.1 所示。

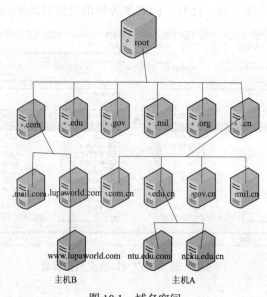

图 10.1　域名空间

当主机 A 要访问主机 B www.lupaworld.com 时，先查看 DNS 服务器（.edu.cn）有没有记录，有的话返回结果给主机 A，没有的话就向 DNS 服务器（.cn）查询，如果还没有就查询顶级域（root）。root 会返回.com 服务器的地址，DNS 服务器再去管理.com 的服务器查询，从而得到管理.lupaworld.com 的服务器查询。当查到 www.lupaworld.com 的主机时，就把此主机的 IP 地址返回给主机 A，并存入本地缓存中。

互联网上的域名可谓千姿百态，但从域名的领域分类，主要有六大类，如表 10.1 所示。另外，域名也可按国家进行分类，例如中国内地用.cn 开头等。

表 10.1　从域名的领域分类

名　　称	代　表　意　义
.com	公司、企业
.org	组织、机构
.edu	教育单位
.gov	政府单位
.net	网络、通信
.mil	军事

10.2　DNS 服务器配置和测试

配置、测试一台 DNS 服务器（Red Hat Linux 9.0），IP 地址是 192.168.1.200，子网掩码是 255.255.255.0，默认网关是 192.168.1.1，能解析一个域名 www.aa.bb。测试用的客户端分别使用红旗 Linux 桌面版 4.0 和 Windows XP 操作系统，IP 地址分别是 192.168.1.20 和 192.168.1.10，子网掩码分别是 255.255.255.0 和 255.255.255.0。DNS 服务器配置如图 10.2 所示。

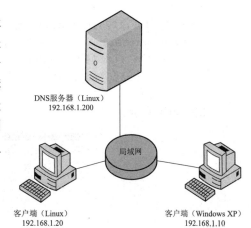

图 10.2　DNS 服务器配置

10.2.1　DNS 服务器的配置过程

1. 检查是否安装了 DNS 服务器软件

在命令窗口中输入：

```
[root@localhost root]# rpm -qa | grep bind
```

如图 10.3 所示。出现了 bind 版本号（bind-9.2.1-16），表明已安装了 FTP 服务器软件。

注意

安装 Linux 时，请选择安装全部软件。如果没有安装，可按 2.7 节应用程序管理中所述方法进行安装。

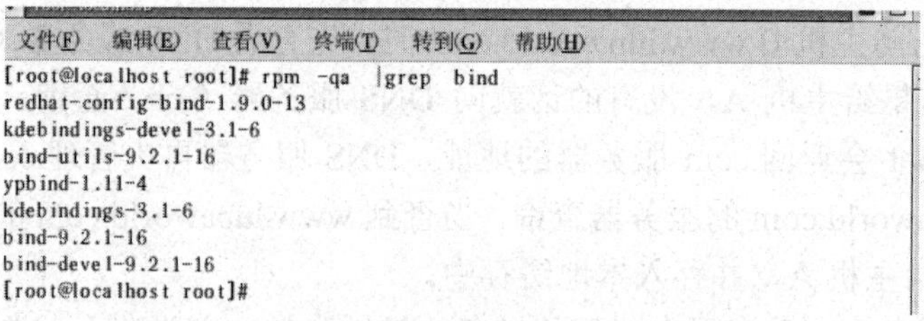
文件(F) 编辑(E) 查看(V) 终端(T) 转到(G) 帮助(H)
[root@localhost root]# rpm -qa |grep bind
redhat-config-bind-1.9.0-13
kdebindings-devel-3.1-6
bind-utils-9.2.1-16
ypbind-1.11-4
kdebindings-3.1-6
bind-9.2.1-16
bind-devel-9.2.1-16
[root@localhost root]#

图 10.3 检查是否安装了 DNS 服务器软件

2. 设置服务器 IP 地址

按 2.2 节网络配置中所述方法设置：

- IP 地址——192.168.1.200；
- 子网掩码——255.255.255.0；
- 默认网关地址——192.168.1.1。

3. 修改配置文件/etc/named.conf

用 vi 或其他文本文件编辑工具，打开配置文件/etc/named.conf，增加第 37～46 行，内容如下：

```
zone “aa.bb” {                    #定义正向解析区。具体参见附录 A.4 DNS 服务器配置参数详解
    type master;                  # master 表示主域名服务器(和下面的反向解析区要一致)
    file “aa.bb.zone”;            #正向解析文件名是 aa.bb.zone,必须是以.zone 结尾
    allow-update{none;};          #数据允许刷新
};
 zone “1.168.192.in-addr.arpa” IN {    #定义反向解析区,必须是以 in-addr.arpa 结尾
    type master;
    file “1.168.192.in-addr.arpa.zone”;    #反向解析文件名,必须是以.zone 结尾
    allow-update{none;};
};
```

如图 10.4 所示。

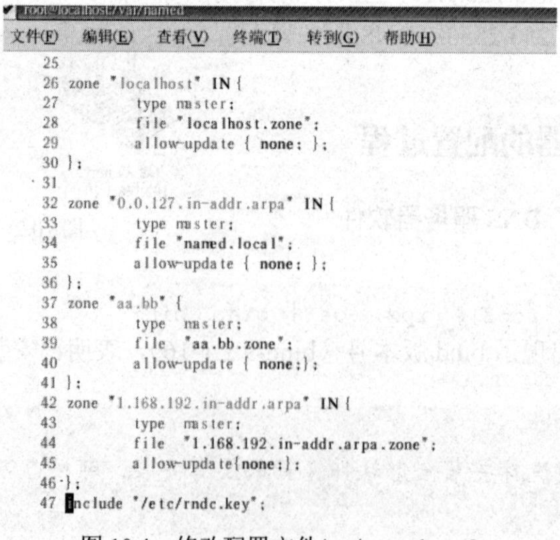
root@localhost:/var/named
文件(F) 编辑(E) 查看(V) 终端(T) 转到(G) 帮助(H)
25
26 zone "localhost" IN {
27 type master;
28 file "localhost.zone";
29 allow-update { none; };
30 };
31
32 zone "0.0.127.in-addr.arpa" IN {
33 type master;
34 file "named.local";
35 allow-update { none; };
36 };
37 zone "aa.bb" {
38 type master;
39 file "aa.bb.zone";
40 allow-update { none;};
41 };
42 zone "1.168.192.in-addr.arpa" IN {
43 type master;
44 file "1.168.192.in-addr.arpa.zone";
45 allow-update{none;};
46 };
47 include "/etc/rndc.key";

图 10.4 修改配置文件/etc/named.conf

4. 复制正向、反向解析的模板文件

复制正向解析的模板文件/var/named/localhost.zone 到/var/named 目录下，文件命名为 aa.bb.zone。命令如下：

[root@localhost root]# cp /var/named/localhost.zone /var/named/aa.bb.zone

复制反向解析的模板文件/var/named/named.local 到/var/named 目录下，文件命名为 1.168.192.in-addr.arpa.zone。命令如下：

[root@localhost root]# cp /var/named/named.local /var/named/1.168.192.in-addr.arpa.zone

如图 10.5 所示。

图 10.5 复制正向、反向解析的模板文件

5. 配置正向、反向解析的模板文件

（1）配置正向解析的模板文件

用 vi 或其他文本文件编辑工具，打开正向解析的模板文件/var/named/aa.bb.zone，把第 2、第 9、第 10 行分别改成：

```
@       IN      SOA     dns.aa.bb    root.localhost (     #标识一个 SOA
        IN      NS      dns.aa.bb                         #标识一个域名服务器
dns     IN      A       192.168.1.200    # 表示 dns.aa.bb 和 192.168.1.200 对应
```

如图 10.6 所示。

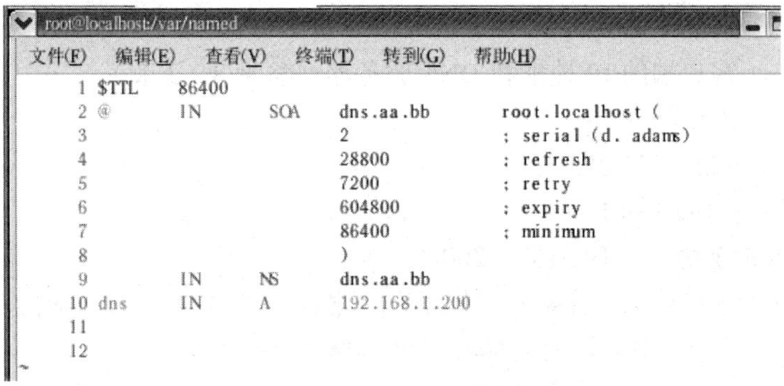

图 10.6 配置正向解析的模板文件

（2）配置反向解析的模板文件

用 vi 或其他文本文件编辑工具，打开反向解析的模板文件/var/named/1.168.192.in-addr.arpa.zone，把第 2、第 8、第 9 行分别改成：

```
@       IN      SOA     dns.aa.bb.   root.localhost (
@       IN      NS      dns.aa.bb.
200     IN      PTR     dns.aa.bb.         #表示 192.168.1.200 和 dns.aa.bb 对应
```

如图 10.7 所示。

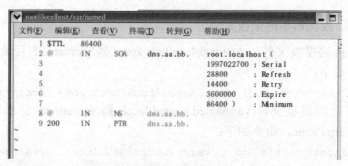

图 10.7 配置反向解析的模板文件

6. 启动 DNS 服务器

在命令窗口中输入：

```
[root@localhost root]# service named start
```

显示：

```
named 已经在运行
```

如图 10.8 所示。表示 DNS 服务器启动成功。

图 10.8 DNS 服务器启动成功

10.2.2 DNS 服务器的测试过程

1. Windows 客户端测试

设置 Windows 客户端的 IP 地址和 DNS 服务器（参见 8.2.2 节）：

- IP 地址——192.168.1.10；
- 子网掩码——255.255.255.0；
- 默认网关——192.168.1.1；
- 首选 DNS 服务器——192.168.1.200。

选择 Windows 客户端的"开始"|"程序"|"附件"|"命令"，在命令提示符窗口中输入：

```
C:\Documents and Settings\Administrator>nslookup
```

再输入：

```
>192.168.1.200
```

显示：

```
Server: dns.aa.bb.1.168.192.in-addr.arpa
Address:192.168.1.200
Name: dns.aa.bb.1.168.192.in-addr.arpa
Address:192.168.1.200
```

再输入：

```
>dns.aa.bb
```

显示：

```
Server: dns.aa.bb.1.168.192.in-addr.arpa
Address:192.168.1.200
Name: dns.aa.bb
Address:192.168.1.200
```
结果如图 10.9 所示。

图 10.9　Windows 客户端测试结果

2. Linux 客户端测试

设置 Linux 客户端的 IP 地址（参见 8.2.2 节）：
- 默认网关——192.168.1.1；
- 默认域名服务器——192.168.1.200；
- IP 地址——192.168.1.20；
- 子网掩码——255.255.255.0。

在 Linux 客户端的命令窗口中输入：

```
[root@localhost root]# nslookup
```
再输入：
```
>192.168.1.200
```
显示：
```
Server:         192.168.1.200
Address:        192.168.1.200#53
200.1.168.192.in-addr.arpa    name = dns.aa.bb.1.168.192.in-addr.arpa.
```
再输入：
```
>dns.aa.bb
```
显示：
```
Server:         192.168.1.200
Address:        192.168.1.200#53
Name:    dns.aa.bb
Address: 192.168.1.200
```
结果如图 10.10 所示。

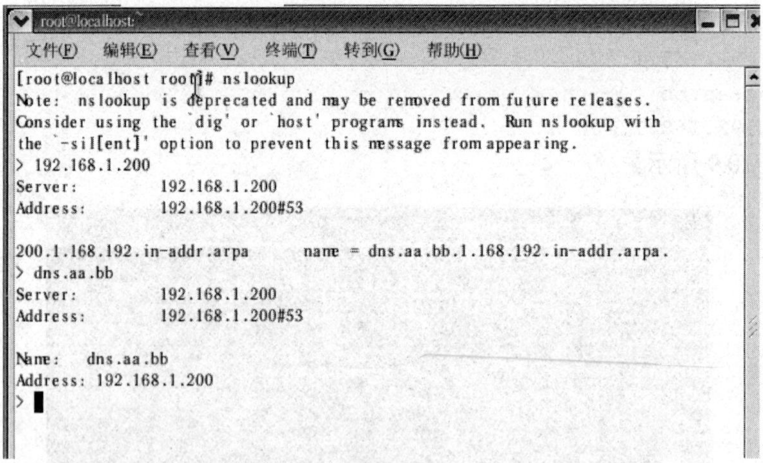
root@localhost:~
文件(F) 编辑(E) 查看(V) 终端(T) 转到(G) 帮助(H)
[root@localhost root]# nslookup
Note: nslookup is deprecated and may be removed from future releases.
Consider using the `dig' or `host' programs instead. Run nslookup with
the `-sil[ent]' option to prevent this message from appearing.
> 192.168.1.200
Server: 192.168.1.200
Address: 192.168.1.200#53
200.1.168.192.in-addr.arpa name = dns.aa.bb.1.168.192.in-addr.arpa.
> dns.aa.bb
Server: 192.168.1.200
Address: 192.168.1.200#53
Name: dns.aa.bb
Address: 192.168.1.200
>

图 10.10 Linux 客户端测试结果

10.3 DNS 服务器配置和测试实例

1. 任务说明

配置、测试一台 DNS 服务器（Red Hat Linux 9.0），IP 地址是 192.168.1.200，子网掩码是 255.255.255.0，默认网关是 192.168.1.1，能解析域名 www.aa.bb。把此服务器作为辅助的 DNS 服务器，同时要求该服务器可以解析域名 ftp.aa.bb，并有一个别名 server.aa.bb，对应的 IP 地址 192.168.1.100。测试用的客户端分别使用红旗 Linux 桌面版 4.0 和 Windows XP 操作系统，IP 地址分别是 192.168.1.20 和 192.168.1.10，子网掩码分别是 255.255.255.0 和 255.255.255.0。

2. DNS 服务器的配置过程

1）检查是否安装了 DNS 服务器软件

参见 10.2.1 节。

2）设置服务器 IP 地址

参见 10.2.1 节。

3）修改配置文件/etc/named.conf

用 vi 或其他文本文件编辑工具，打开配置文件/etc/named.conf，增加第 37～第 46 行，内容如下：

```
zone “aa.bb” IN {
        type slave;            #slave 表示辅助域名服务器(和下面的反向解析区要一致)
        file “aa.bb.zone”;
        allow-update{none;};
};
zone “1.168.192.in-addr.arpa” IN {
        type slave;
        file “1.168.192.in-addr.arpa.zone”;
        allow-update{none;};
};
```

如图 10.11 所示。

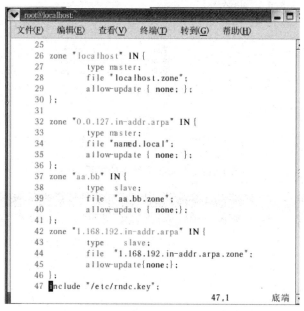

图 10.11　修改配置文件/etc/named.conf

4）复制正向、反向解析的模板文件

参见 10.2.1 节。

5）配置正向、反向解析的模板文件

（1）配置正向解析的模板文件

用 vi 或其他文本文件编辑工具，打开正向解析的模板文件/var/named/aa.bb.zone，把第 2，第 9～第 13 行改成：

```
@       IN      SOA     dns.aa.bb.  root.localhost (
        IN      NS      dns.aa.bb
dns     IN      A       192.168.1.200   #表示 dns.aa.bb 和 192.168.1.200 对应
www     IN      A       192.168.1.200   #表示 www.aa.bb 和 192.168.1.200 对应
ftp     IN      A       192.168.1.100   #表示 ftp.aa.bb 和 192.168.1.100 对应
server  IN      CNAME   ftp             #表示 server 是 ftp 的别名
```

如图 10.12 所示。

（2）配置反向解析的模板文件

用 vi 或其他文本文件编辑工具，打开反向解析的模板文件/var/named/1.168.192.in-addr.arpa.zone，把第 2，第 8～第 10 行改成：

```
@       IN      SOA     dns.aa.bb.  root.localhost (
@       IN      NS      dns.aa.bb.
200     IN      PTR     dns.aa.bb.      #表示 192.168.1.200 和 dns.aa.bb 对应
100     IN      PTR     ftp.aa.bb.      #表示 192.168.1.100 和 ftp.aa.bb 对应
```

如图 10.13 所示。

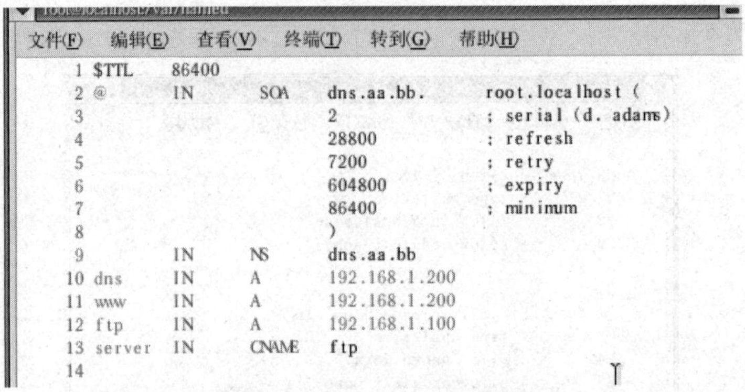

```
文件(F) 编辑(E) 查看(V) 终端(T) 转到(G) 帮助(H)
 1  $TTL    86400
 2  @       IN      SOA     dns.aa.bb.      root.localhost (
 3                          2               ; serial (d. adams)
 4                          28800           ; refresh
 5                          7200            ; retry
 6                          604800          ; expiry
 7                          86400           ; minimum
 8                          )
 9          IN      NS      dns.aa.bb
10  dns     IN      A       192.168.1.200
11  www     IN      A       192.168.1.200
12  ftp     IN      A       192.168.1.100
13  server  IN      CNAME   ftp
14
```

图 10.12 配置正向解析的模板文件

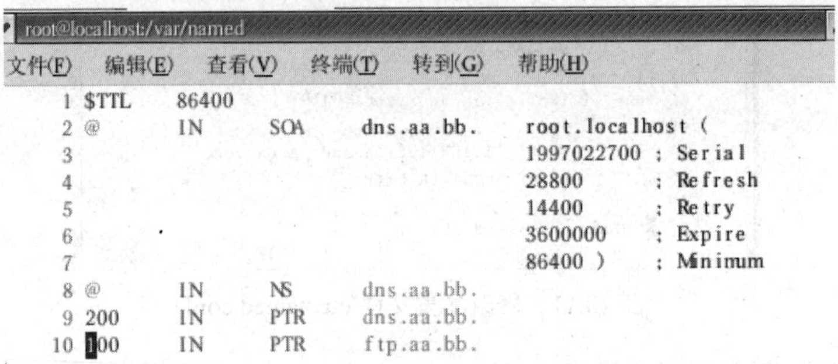

```
文件(F) 编辑(E) 查看(V) 终端(T) 转到(G) 帮助(H)
 1  $TTL    86400
 2  @       IN      SOA     dns.aa.bb.      root.localhost (
 3                                  1997022700      ; Serial
 4                                  28800           ; Refresh
 5                                  14400           ; Retry
 6                                  3600000         ; Expire
 7                                  86400 )         ; Minimum
 8  @       IN      NS      dns.aa.bb.
 9  200     IN      PTR     dns.aa.bb.
10  100     IN      PTR     ftp.aa.bb.
```

图 10.13 配置反向解析的模板文件

6）启动 DNS 服务器

参见 10.2.1 节。

3. DNS 服务器的测试过程

（1）Windows 客户端测试

设置 Windows 客户端的 IP 地址：

- IP 地址——192.168.1.10；
- 子网掩码——255.255.255.0；
- 默认网关——192.168.1.1；
- 首选 DNS 服务器——192.168.1.200。

选择"开始"|"程序"|"附件"|"命令"，打开命令提示符窗口，输入：

    C:\Documents and Settings\Administrator>nslookup

再输入：

    >dns.aa.bb

显示：

    Server: dns.aa.bb
    Address:192.168.1.200
    Name: dns.aa.bb
    Address:192.168.1.200

输入：

    >www.aa.bb

显示：
    Server: dns.aa.bb

    Address:192.168.1.200

    Name: www.aa.bb

    Address:192.168.1.200

输入：
    >ftp.aa.bb

显示：
    Server: dns.aa.bb

    Address:192.168.1.200

    Name: ftp.aa.bb

    Address:192.168.1.100

输入：
    >server.aa.bb

显示：
    Server: dns.aa.bb

    Address:192.168.1.200

    Name: ftp.aa.bb

    Address:192.168.1.100

    Aliases:server.aa.bb

输入：
    >192.168.1.200

显示：
    Server: dns.aa.bb

    Address:192.168.1.200

    Name: dns.aa.bb

    Address:192.168.1.200

输入：
    >192.168.1.100

显示：
    Server: dns.aa.bb

    Address:192.168.1.200

    Name: ftp.aa.bb

    Address:192.168.1.100

如图 10.14 所示。

（2）Linux 客户端测试

设置 Linux 客户端的 IP 地址（参见 10.2.2 节）：

- 默认网关——192.168.1.1；
- 默认域名服务器——192.168.1.200；

- IP 地址——192.168.1.20；

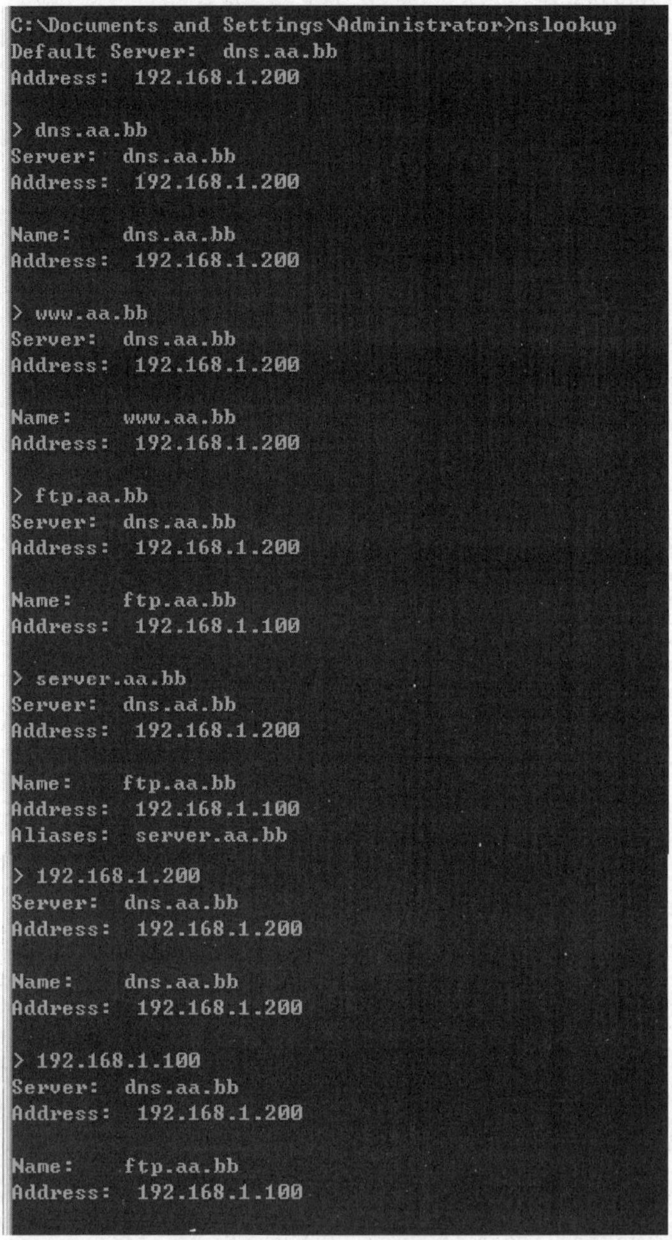

```
C:\Documents and Settings\Administrator>nslookup
Default Server:  dns.aa.bb
Address:  192.168.1.200

> dns.aa.bb
Server:  dns.aa.bb
Address:  192.168.1.200

Name:    dns.aa.bb
Address:  192.168.1.200

> www.aa.bb
Server:  dns.aa.bb
Address:  192.168.1.200

Name:    www.aa.bb
Address:  192.168.1.200

> ftp.aa.bb
Server:  dns.aa.bb
Address:  192.168.1.200

Name:    ftp.aa.bb
Address:  192.168.1.100

> server.aa.bb
Server:  dns.aa.bb
Address:  192.168.1.200

Name:    ftp.aa.bb
Address:  192.168.1.100
Aliases: server.aa.bb

> 192.168.1.200
Server:  dns.aa.bb
Address:  192.168.1.200

Name:    dns.aa.bb
Address:  192.168.1.200

> 192.168.1.100
Server:  dns.aa.bb
Address:  192.168.1.200

Name:    ftp.aa.bb
Address:  192.168.1.100
```

图 10.14 Windows 客户端测试结果

- 子网掩码——255.255.255.0。

在命令窗口中输入：

    [root@localhost named]# nslookup

输入：

    >dns.aa.bb

显示：

　　Server: 192.168.1.200

　　Address:192.168.1.200#53

　　Name: dns.aa.bb

　　Address:192.168.1.200

输入：

　　>www.aa.bb

显示：

　　Server: 192.168.1.200

　　Address:192.168.1.200#53

　　Name: www.aa.bb

　　Address:192.168.1.200

输入：

　　>ftp.aa.bb

显示：

　　Server: 192.168.1.200

　　Address:192.168.1.200#53

　　Name: ftp.aa.bb

　　Address:192.168.1.100

输入：

　　>server.aa.bb

显示：

　　Server: 192.168.1.200

　　Address:192.168.1.200#53

　　Server.aa.bb   canonical   name = ftp.aa.bb.

　　Name: ftp.aa.bb

　　Address:192.168.1.100

输入：

　　>192.168.1.200

显示：

　　Server: 192.168.1.200

　　Address:192.168.1.200#53

　　200.1.168.192.in-addr.arpa   name = dns.aa.bb.

输入：

　　>192.168.1.100

显示：

　　Server: 192.168.1.200

　　Address:192.168.1.200#53

　　100.1.168.192.in-addr.arpa   name = ftp.aa.bb.

如图 10.15 所示。

```
[root@localhost named]# nslookup
Note:   nslookup is deprecated and may be removed from future releases.
Consider using the `dig' or `host' programs instead. Run nslookup with
the `-sil[ent]' option to prevent this message from appearing.
> dns.aa.bb
Server:         192.168.1.200
Address:        192.168.1.200#53

Name:   dns.aa.bb
Address: 192.168.1.200
> www.aa.bb
Server:         192.168.1.200
Address:        192.168.1.200#53

Name:   www.aa.bb
Address: 192.168.1.200
> ftp.aa.bb
Server:         192.168.1.200
Address:        192.168.1.200#53

Name:   ftp.aa.bb
Address: 192.168.1.100
> server.aa.bb
Server:         192.168.1.200
Address:        192.168.1.200#53

server.aa.bb    canonical name = ftp.aa.bb.
Name:   ftp.aa.bb
Address: 192.168.1.100
> 192.168.1.200
Server:         192.168.1.200
Address:        192.168.1.200#53

200.1.168.192.in-addr.arpa      name = dns.aa.bb.
> 192.168.1.100
Server:         192.168.1.200
Address:        192.168.1.200#53

100.1.168.192.in-addr.arpa      name = ftp.aa.bb.
、■
```

图 10.15　Linux 客户端测试结果

10.4　操作题

配置、测试一台 DNS 服务器（Red Hat Linux 9.0），IP 地址是 10.1.2.200，子网掩码是 255.0.0.0，默认网关是 10.1.2.1，能解析域名 www.mycomputer.com，其 IP 地址是 10.1.2.100。测试用的客户端分别使用红旗 Linux 桌面版 4.0 和 Windows XP 操作系统，IP 地址分别是 10.1.2.20 和 10.1.2.10，子网掩码分别是 255.0.0.0 和 255.0.0.0。

第 11 章　Apache 服务器

📖 **学习目标**

通过本章的学习，你将学会
- ◆ 检查、安装 Apache 服务器软件
- ◆ 配置 Apache 服务器的 IP 地址
- ◆ 启动、配置和测试 Apache 服务器

11.1　认识 Apache 服务器

1. Apache 服务器简介

Internet 上最热门的服务之一就是 WWW（World Wide Web）服务，简称 Web 服务。最简单的 Web 服务就是我们所说的上网，在客户端的 Web 浏览器里输入一个网站地址进行网页浏览。复杂些的 Web 服务可以是设计一个企业门户网站。通常的做法是先向 Internet 服务提供商（Internet Server Provider，ISP）注册一个域名，申请一个 IP 地址，ISP 将这个 IP 地址解析到企业的 Linux 主机上，然后，再在 Linux 主机上架设一个 Web 服务器，通过这个 Web 服务器，发布企业的主页。

现在，Apache 服务器已经成为大多数 Linux 发行版的标准 Web 服务器。Apache 是由 Apache Group 开发的，1995 年 4 月公布，目前，世界上的 Apache 服务器已经超过 1 千万台，许多用户（程序开发人员）都习惯把它用作企业级的 Web 服务器。

2. Apache 服务器工作原理

Apache 服务器也是以客户机（浏览器）/服务器为架构。Apache 服务器和 Apache 浏览器进行数据交换，一般通过以下 3 个步骤。

（1）建立会话

Apache 浏览器利用 TCP/IP 通信协议，通过端口 80（默认值）来与 Apache 服务器建立会话。

（2）Apache 浏览器发出请求

建立会话后，Apache 浏览器会传送标准的 HTTP 请求到 Apache 服务器以得到所需的文件，通常使用 HTTP 的 Get 方法，它包含几个 HTTP 报头，来记录数据传递的方法、浏览器类型等信息。

（3）Apache 服务器响应请求

Apache 浏览器请求的文件若在服务器中，服务器则会直接响应客户端的请求，并将请求的文件传送到 Apache 浏览器；若不在服务器中（即服务器无法取得客户端请求的文件），服务器会给 Apache 浏览器一个出错的信息。Apache 服务器工作原理如图 11.1 所示。

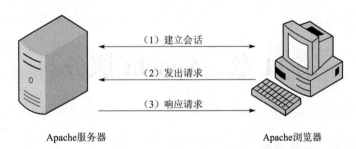

图 11.1 Apache 服务器工作原理

11.2 Apache 服务器配置和测试

Apache 服务器最基本的功能是提供 Web 服务。

配置、测试一个 Apache 服务器（Red Hat Linux 9.0），IP 地址是 192.168.1.200，子网掩码是 255.255.255.0，默认网关是 192.168.1.1。在 /var/www/html 目录下，存放了一个主页文件 index.html，供客户访问。测试用的客户端分别使用 Red Hat Linux 9.0 和 Windows XP 操作系统，IP 地址分别是 192.168.1.20 和 192.168.1.10，子网掩码分别是 255.255.255.0 和 255.255.255.0。任务说明如图 11.2 所示。

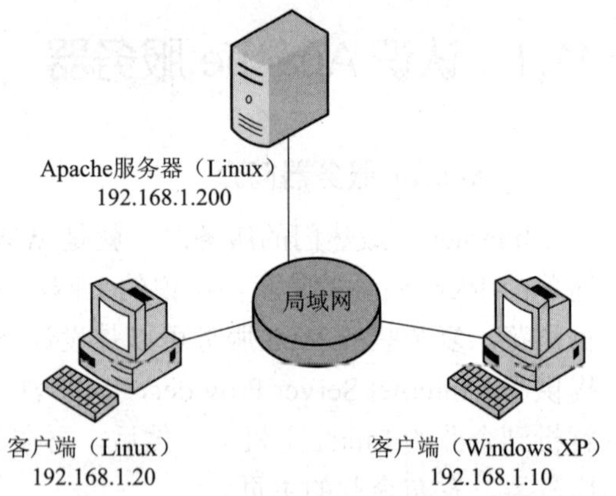

图 11.2 任务说明

11.2.1 Apache 服务器的配置过程

1. 检查是否安装了 Apache 服务器软件

在命令窗口中输入：

[root@localhost root]# rpm -q httpd

如图 11.3 所示。出现了 httpd 版本号（httpd-2.0.40-21），表明已安装了 Apache 服务器软件。

图 11.3 检查是否安装了 Apache 服务器软件

> **注意**
> 安装 Linux 时，请选择安装全部软件。如果没有安装，按 2.7 节应用程序管理中所述方法进行安装。

2. 设置 Apache 服务器的 IP 地址

按 2.2 节网络配置中所述方法设置：
- IP 地址——192.168.1.200；
- 子网掩码——255.255.255.0；

- 默认网关地址——192.168.1.1。

3. 编辑主页文件/var/www/html/index.html

用 vi 编辑工具编辑主页文件/var/www/html/index.html，内容如图 11.4 所示。

图 11.4 编辑主页文件

4. 启动 Apache 服务器

在命令窗口中输入：

[root@localhost root]# service httpd start

显示：

启动 httpd：   [确定]

如图 11.5 所示，表示 Apache 服务器启动成功。

图 11.5 Apache 服务器启动成功

11.2.2 Apache 服务器的测试过程

1. Windows 客户端测试

设置 Windows 客户端（参见 8.2.2 节）：
- IP 地址——192.168.1.10；
- 子网掩码——255.255.255.0；
- 默认网关——192.168.1.1；
- 首选 DNS 服务器——192.168.1.200。

在 Windows 客户端 Web 浏览器的地址栏输入"http：//192.168.1.200"，就能访问主页/var/www/html/index.html。结果如图 11.6 所示。

图 11.6 Windows 客户端测试结果

2. Linux 客户端测试

设置 Linux 客户端（参见 2.2 节）
- IP 地址——192.168.1.20；
- 子网掩码——255.255.255.0；
- 默认网关——192.168.1.1；
- 默认域名服务器——192.168.1.200。

在 Linux 客户端 Web 浏览器的地址栏输入"http：//192.168.1.200"，就能访问主页 /var/www/html/index.html。结果如图 11.7 所示。

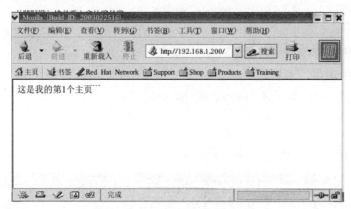

图 11.7　Linux 客户端测试结果

11.3　Apache 服务器配置和测试实例

11.3.1　给每个用户配置一个 Web 服务器

1. 任务说明

为普通用户 t1 配置一个 Web 服务器（Red Hat Linux 9.0），IP 地址是 192.168.1.200，子网掩码是 255.255.255.0，默认网关是 192.168.1.1，主页文件 index.html 存放在目录 /home/t1/public_html 下。测试用的客户端分别使用 Red Hat Linux 9.0 和 Windows XP 操作系统，IP 地址分别是 192.168.1.20 和 192.168.1.10，子网掩码分别是 255.255.255.0 和 255.255.255.0。

2. Apache 服务器的配置过程

（1）检查是否安装了 Apache 服务器软件

参见 11.2.1 节。

（2）设置 Apache 服务器的 IP 地址

参见 11.2.1 节。

（3）新建普通用户 t1

在命令窗口中输入两条新建普通用户 t1 命令，如图 11.8 所示。

第 11 章 Apache 服务器

图 11.8 新建用户 t1

（4）用户主目录设置

如图 11.9 所示，在命令窗口中输入 5 条命令。第一条命令用于切换到普通用户 t1 登录状态；第二条命令用于改变当前目录为普通用户 t1 的用户主目录（/home/t1）；第三条命令用于新建 public_html 目录，来存放主页文件 index.html；最后两条命令用于修改用户主目录/home/t1 的权限。

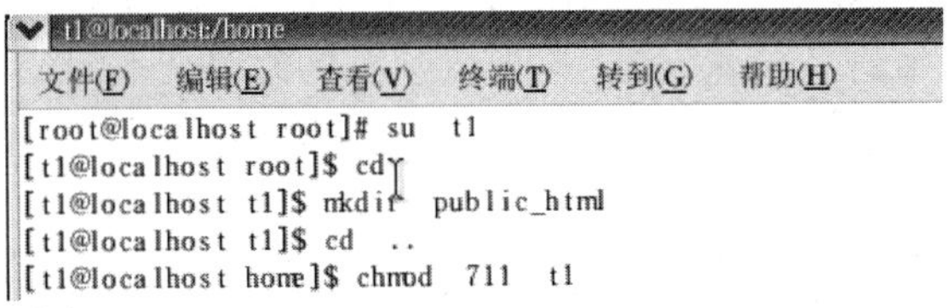

图 11.9 用户主目录设置

（5）编辑主页文件/home/t1/public_html/index.html

用 vi 编辑工具，编辑主页文件/home/t1/public_html/index.html，如图 11.10 所示。

图 11.10 编辑主页文件

（6）修改配置文件/etc/httpd/conf/httpd.conf

用 vi 编辑工具，修改配置文件/etc/httpd/conf/httpd.conf，如图 11.11 所示。

把第 372 行改成：

`UserDir disable root`

即允许建立个人网页。具体参见附录 A.5。

把第 379 行改成：

`UserDir public_html`

即用来存放主页的目录为 public_html。

把第 387～第 398 行每行最前面的"#"都去掉，使每个配置项都有效，即存放在目录 public_html 中的主页文件可供浏览。

（7）启动 Apache 服务器

参见 11.2.1 节。

3. Apache 服务器测试过程

（1）Windows 客户端测试

设置 Windows 客户端（参见 11.2.2 节）：

- IP 地址——192.168.1.10；
- 子网掩码——255.255.255.0；
- 默认网关——192.168.1.1；
- 首选 DNS 服务器——192.168.1.200。

在 Windows 客户端 Web 浏览器的地址栏输入"http：//192.168.1.200/~t1/"，就能访问到主页文件/home/t1/public_html/index.html。结果如图 11.12 所示。

```
366 <IfModule mod_userdir.c>
367     #
368     # UserDir is disabled by default since it can confirm the presence
369     # of a username on the system(depending on home directory
370     # permissions).
371     #
372     UserDir disable root
373
374     #
375     # To enable requests to /~user/ to serve the user's public_html
376     # directory, remove the "UserDir disable" line above, and uncomment
377     # the following line instead:
378     #
379     UserDir public_html
380
387 <Directory /home/*/public_html>
388     AllowOverride FileInfo AuthConfig Limit
389     Options MultiViews Indexes SymLinksIfOwnerMatch IncludesNoExec
390     <Limit GET POST OPTIONS>
391         Order allow,deny
392         Allow from all
393     </Limit>
394     <LimitExcept GET POST OPTIONS>
395         Order deny,allow
396         Deny from all
397     </LimitExcept>
398 </Directory>
```

图 11.11　修改配置文件

图 11.12　Windows 客户端测试结果

（2）Linux 客户端测试

设置 Linux 客户端（参见 11.2.2 节）：

- IP 地址——192.168.1.20；

- 子网掩码——255.255.255.0；
- 默认网关——192.168.1.1；
- 默认域名服务器——192.168.1.200。

在 Linux 客户端 Web 浏览器的地址栏输入"http：//192.168.1.200/~t1/"，就能访问到主页文件/home/t1/public_html/index.html。结果如图 11.13 所示。

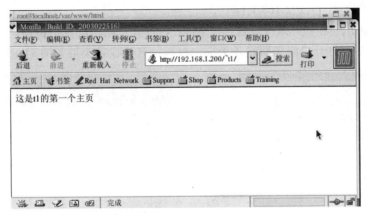

图 11.13　Linux 客户端测试结果

11.3.2　配置基于 IP 地址的虚拟主机

1. 任务说明

虚拟主机是指将一台机器虚拟成多台 Web 服务器。比如，一家公司想提供主机代管服务，为其他企业提供 Web 服务。那么它肯定不是为每一家企业都各自准备一台物理上的服务器而是用一台功能强大的大型服务器，然后用虚拟主机的形式，提供给多个企业的 Web 服务，虽然所有的 Web 服务都是这台服务器提供的，但是让访问者看起来如同在不同的服务器上获得 Web 服务一样。

配置、测试一个 Web 服务器（Red Hat Linux 9.0），IP 地址是 192.168.1.200，子网掩码是 255.255.255.0，默认网关是 192.168.1.1。现在，要为两家企业提供 Web 服务，其主页文件分别为/var/www/html1/index.html 和/var/www/html2/index.html。测试用的客户端分别使用 Red Hat Linux 9.0 和 Windows XP 操作系统，IP 地址分别是 192.168.1.20 和 192.168.1.11，子网掩码分别是 255.255.255.0 和 255.255.255.0。

2. Apache 服务器的配置过程

（1）检查是否安装了 Apache 服务器软件

参见 11.2.1 节。

（2）设置 Apache 服务器的 IP 地址

参见 11.2.1 节。

（3）在一个网卡上绑定两个 IP 地址

在一个网卡上绑定两个 IP 地址，分别是

- IP 地址——192.168.1.201；

- 子网掩码——255.255.255.0；
- 默认网关地址——192.168.1.1。

和

- IP 地址——192.168.1.202；
- 子网掩码——255.255.255.0；
- 默认网关地址——192.168.1.1。

选择"红帽子开始"|"系统设置"|"网络"，打开"网络配置"窗口，如图 11.14 所示。单击"新建"，打开"添加新设备类型"窗口，选择设备类型如图 11.15 所示。

图 11.14 "网络配置"窗口

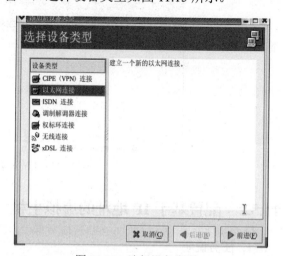

图 11.15 选择设备类型

在"设备类型"中选择"以太网连接"，再单击"前进"按钮，选择以太网设备，如图 11.16 所示。选择"AMD PCnet32（eth0）"，再单击"前进"按钮，进行配置网络设置，如图 11.17 所示。

图 11.16 选择以太网设备

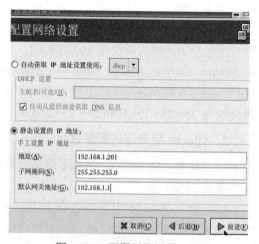

图 11.17 配置网络设置

选择"静态设置的 IP 地址"，在"地址"栏中输入"192.168.1.201"，在"子网掩码"栏

第 11 章 Apache 服务器　　153

中输入"255.255.255.0",在默认网关地址栏中输入"192.168.1.1"。单击"前进"按钮,创建以太网设备,如图 11.18 所示。

单击"应用"按钮,回到"网络配置"窗口,如图 11.19 所示。

图 11.18　创建以太网设备

图 11.19　"网络配置"窗口

选择设备 eth0:1,再单击"激活",打开"问题"对话框,如图 11.20 所示。
单击"是"按钮,打开"信息"对话框,如图 11.21 所示。

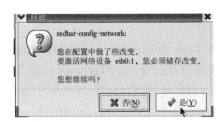

图 11.20　"问题"对话框

图 11.21　"信息"对话框

单击"确定"按钮,回到"网络配置"窗口,设备 eth0:1 的状态更改为"活跃"。至此,绑定了设备 eth0:1。如图 11.22 所示。

图 11.22　绑定了设备 eth0:1

依照上述方法，再绑定设备 eth0:2，IP 地址如下：
- IP 地址——192.168.1.202；
- 子网掩码——255.255.255.0；
- 默认网关地址——192.168.1.1。

显示其状态为"活跃"，表示绑定成功。如图 11.23 所示。

图 11.23　绑定了设备 eth0:2

（4）新建两个主页文件/var/www/html1/index.html 和/var/www/html2/index.html

在命令窗口输入 5 条命令，第 1 条命令用于改变当前目录为/var/www，第 2 和第 3 条命令用于新建主页文件/var/www/html1/index.html，第 4 和第 5 条命令用于新建主页文件/var/www/html2/index.html。如图 11.24 所示。其中，主页文件/var/www/html1/index.html 的内容如图 11.25 所示，主页文件/var/www/html2/index.html 的内容如图 11.26 所示。

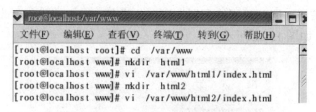

图 11.24　新建两个主页文件

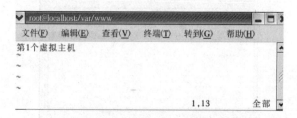

图 11.25　主页文件/var/www/html1/index.html 的内容

图 11.26 主页文件/var/www/html2/index.html 的内容

（5）修改配置文件/etc/httpd/conf/httpd.conf

用 vi 编辑工具，修改配置文件/etc/httpd/conf/httpd.conf，在该文件的最后增加 7 行，增加的第 1141～第 1147 行，分别是：

```
<VirtualHost  192.168.1.201>
     DocumentRoot   /var/www/html1  #虚拟主机192.168.1.201对应/var/www/html1
</VirtualHost>

<VirtualHost  192.168.1.202>
     DocumentRoot   /var/www/html2  #虚拟主机192.168.1.202对应/var/www/html2
</VirtualHost>
```

如图 11.27 所示。

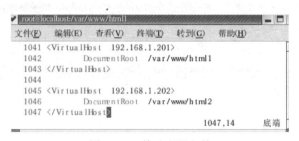

图 11.27 修改配置文件

（6）启动 Apache 服务器

参见 11.2.1 节。

3. Apache 服务器的测试过程

（1）Windows 客户端测试

设置 Windows 客户端（参见 11.2.2 节）。

- IP 地址——192.168.1.10；
- 子网掩码——255.255.255.0；
- 默认网关——192.168.1.1；
- 首选 DNS 服务器——192.168.1.200。

在 Windows 客户端 Web 浏览器的地址栏输入"http：//192.168.1.201"，就能访问到第 1 个虚拟主机的主页文件/var/www/html1/index.html。如图 11.28 所示。

在 Windows 客户端 Web 浏览器的地址栏输入"http：//192.168.1.202"，就能访问到第 2 个虚拟主机的主页文件/var/www/html2/index.html。如图 11.29 所示。

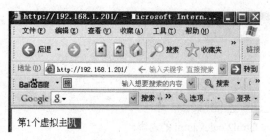
图 11.28 访问第 1 个虚拟主机的主页文件

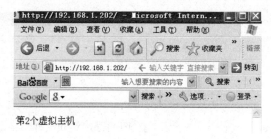
图 11.29 访问第 2 个虚拟主机的主页文件

（2）Linux 客户端测试

设置 Linux 客户端（参见 11.2.2 节）：
- IP 地址——192.168.1.20；
- 子网掩码——255.255.255.0；
- 默认网关——192.168.1.1；
- 默认域名服务器——192.168.1.200。

在 Linux 客户端 Web 浏览器的地址栏输入"http：//192.168.1.201"，就能访问到第 1 个虚拟主机的主页文件/var/www/html1/index.html。如图 11.30 所示。

图 11.30 访问第 1 个虚拟主机的主页文件

在 Linux 客户端 Web 浏览器的地址栏输入"http：//192.168.1.202"，就能访问到第 2 个虚拟主机的主页文件/var/www/html2/index.html。如图 11.31 所示。

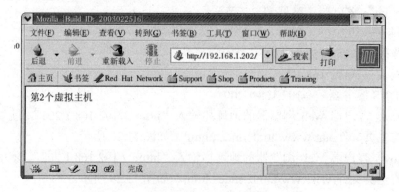
图 11.31 访问第 2 个虚拟主机的主页文件

11.4 操作题

数字科技园数据中心需要配置一个 Web 服务器（Red Hat Linux 9.0），该服务器 IP 地址是 10.1.2.200，子网掩码是 255.0.0.0，默认网关是 10.1.2.1，现有一家企业申请的域名地址是 dns.Web.cn，需要发布的主页文件是/var/www/html/index.html。测试用的客户端分别使用 Red Hat Linux 9.0 和 Windows XP 操作系统，IP 地址分别是 10.1.2.20 和 10.1.2.10，子网掩码分别是 255.0.0.0 和 255.0.0.0。

附录 A　服务器配置参数详解

A.1　DHCP 服务器配置参数详解

1. 常用的声明

shared-network	定义超级作用域，使得多个子网能共享一个 DHCP 服务
subnet	定义子网网段
range	定义作用域，即动态分配的 IP 地址范围
host 主机名称	定义保留地址
group	定义组参数

2. 常用的选项

subnet-mask	为客户端设定子网掩码
domain-name	为客户端指明 DNS 域名
domain-name-servers	为客户端指明 DNS 服务器 IP 地址
netbios-name-servers	为客户端指明 WINS 服务器 IP 地址
host-name	为客户端指定主机名称
routers	为客户端设定默认网关
broadcast-address	为客户端设定广播地址
nis-domain	定义客户机的所属 NIS 域的名称
nis-servers	定义客户机的 NIS 域服务器的 IP 地址
time-offset	为客户端设定和格林威治时间的偏移时间（单位是秒）

3. 常用的参数

ddns-update-style	配置 DHCP-DNS 互动更新模式
ignore client-updates	忽略客户机更新
default-lease-time	指定默认租赁时间，单位是秒
max-lease-time	指定最大租赁时间，单位是秒
hardware	指定网卡接口类型和 MAC 地址
server-name	通知 DHCP 客户机服务器的主机名
fixed-address ip	分配给客户端一个固定的 IP 地址

A.2 Samba 服务器配置参数详解

1. 设置全局参数

（1）workgroup = MYGROUP

设置服务器所要加入的工作组的名称，会在 Windows 的"网上邻居"中看到 MYGROUP 工作组，可以在此设置所需要的工作组的名称。

（2）netbios name=smb server

设置出现在"网上邻居"中的主机名。默认情况下，使用真正的主机名。

（3）server string = Samba server

设置服务器主机的说明信息，当在 Windows 的"网上邻居"中打开 Samba 上设置的工作组时，在 Windows 的"资源管理器"窗口，会列出"名称"和"备注"栏，其中"名称"栏会显示出 Samba 服务器的 netbios name 即 smb server，而"备注"栏则显示此处设置的 Samba server。当然，可以修改默认的 Samba server 而使用自己的描述信息。

（4）hosts allow = 192.168.1.1

设置允许什么样 IP 地址的主机访问 Samba 服务器。默认情况下，hosts allow 选项被注释（即该语句前面有注释用的分号），表示允许所有 IP 地址的主机访问。

（5）guest account = pcguest

设置当访问那些被设置了"guest ok =yes"参数的资源时所要使用的账号。默认的账号为"nobody"，如果不想用默认的值，则应该去掉注释用的分号，用你想要的账号（如 pcguest 等），然后，你必须将这一新账号加入到/etc/passwd 文件中去。

（6）client code page=950

设置客户端访问 Samba 服务器时所使用的字符编码表（code page），默认值为 850，如果 Samba 服务器要使用中文名称来命名共享的资源，要将此值改为 950。

（7）log file = /var/log/Samba/%m.log

要求 Samba 服务器为每一个连接的机器使用一个单独的日志文件，指定文件的位置和名称。Samba 会自动将%m 转换成连接主机的 netbios 名。

（8）max log size = 0

指定日志文件的最大容量（单位为 KB），设置为 0，表示没有限制。默认值为 5000。

（9）max disk size = 1000

设置能够共享的最大磁盘空间（单位为 MB），默认值为 0，表示不作任何限制。

（10）max open file = 100

设置同一客户端最多能打开文件的数目，默认值为 10 000 个。

（11）security = user

设置 Samba 服务器的安全等级。默认情况下，用 user 等级。samba 服务器一共有四种安全等级。

① share：使用此等级用户不需要账号及密码就可以登录 Samba 服务器。

② user：使用此等级，由提供服务的 Samba 服务器检查用户账号及密码。

③ server：使用此等级，检查账号及密码的工作可指定另一台 Samba 服务器负责。

④ domain：使用此等级，需要指定一台 Windows NT/2000/XP 服务器（通常为域控制器）来验证用户输入的账号及密码。

（12）password server = <NT-server-name>

如果安全等级为"server"或"domain"，则使用此选项来指定要验证密码的主机名。

（13）username level = 8

Password level = 8

指定验证用户账号和口令最多允许几个字母。默认值为 0。

（14）encrypt passwords = yes

设置 Samba 客户端将账号及密码传送到服务器端时，是否采取密码加密的方式。一般应该将此选项的值设为 yes，默认值为 no。

（15）smb passwd file = /etc/Samba/smbpasswd

设置在 Samba 服务器上存放加密的密码文件的位置。

2．设置共享资源参数

（1）comment

针对共享资源所作的说明和注释部分。

（2）broweable

设置用户是否可以看到此共享资源。默认值为 yes，若将此参数设置为 no，用户虽然看不到此资源，但是拥有权限的用户仍可通过直接输入该资源的网址的方式来访问资源。

（3）writable

设置共享的资源是否可以写入。若共享资源是打印机，则不需设置此参数。

（4）valid users

设置可访问的用户。

（5）create mode

设置文件的访问权限，默认值为 0744。

（6）directory mode

设置目录的访问权限，默认值为 0755。

（7）path

若共享资源是目录，则指定目录的位置。若为打印机，则指定打印机队列的位置。

（8）read only

设置共享资源是否只读或可以写入，默认值为 yes。若共享资源为打印机时，无任何意义。这一项与 writable 相反。

（9）public

等同于 guest ok 选项，表示是否允许用户不使用账号和密码便能访问此资源。如果起用此功能，当用户没有账号和密码时，就会利用"guest account="所设置的账号登录。该选项默认值为 no，即不允许没有账号和密码的用户使用此资源。

（10）avalible

设置是否启用此共享资源。默认值为 yes。若将此参数设置为 no，则不管其他参数设置成什么，所有人均不得使用此资源。

（11）[homes]

用来配置用户访问自己的目录。

comment = home directories

注释。

browseable = no

用户私人目录，不给别人浏览（并不是不允许别人访问）。

writable = yes

允许用户写入自己的目录。

valid users = %S

可访问的用户局限于用户自己。%s 会被自动转换为登录账号。

create mode = 0664

文件的访问权限。

directory mode = 0755

目录的访问权限。

（12）[tmp]

为所有用户提供临时共享的方式。

path = /tmp

指定目录。

read only = no

可以读写。

public = yes

允许用户不用账号和密码访问。

（13）[public]

为所有用户提供可以共同访问的目录。允许 staff 组用户写入，但其他用户只可访问，不能写入。

comment = public staff

path = /home/Samba

public = yes

writable = yes

printable = no

write list = @staff

write list 参数是用来设置具有权限的用户列表。这里只允许 staff 组的成员有写的权限。

（14）[fredsdir]

这个部分用来设置某一用户 fred 的访问权限。

comment = fred's service

path = /user/fred/private

valid users = fred

> **注意**
> 即使 security=share，也不代表用户登录 Linux 主机后可以访问任意资源。

```
public = no
writable = yes
printable = no
```

（15）[global]

采用设置全局参数中的配置。

A.3　FTP 服务器配置参数详解

（1）anonymous_enable=yes/no

控制是否允许匿名用户登录，yes 允许，no 不允许。默认值为 yes。

（2）local_enable=yes/no

控制 vsftpd 所在系统的用户是否可以登录 vsftpd。默认值为 yes。

（3）anon_upload_enable=yes/no

控制是否允许匿名用户上传，yes 为允许，no 为不允许。默认值为 no。

（4）anon_mkdir_write_enable=yes/no

控制是否允许匿名用户创建新目录，yes 为允许，no 为不允许。默认值为 no。

（5）dirmessage_enable=yes/no

控制是否启用目录提示信息功能。

（6）xferlog_enable=yes/no

控制是否启用一个日志文件，用于详细记录上传和下载，其文件名的默认值为 /var/log/vsftpd.log。

（7）chown_uploads=yes/no

控制是否修改匿名用户所上传文件的所有权。

（8）chown_username=whoever

指定拥有匿名用户上传文件所有权的用户。

（9）idle_session_timeout=600

空闲用户会话的超时时间若是超出这时间，而又没有数据的传输或是指令的输入，则会强迫断线。单位为秒，默认值为 300。

（10）data_connection_timeout=120

空闲的数据连接的超时时间，默认值为 300s。

（11）ascii_upload_enable=yes/no

ascii_download_enable=yes/no

控制是否允许使用 ascii 模式上传和下载文件。

（12）nopriv_user=ftpsecure

指定一个用户，当 vsftpd 不想要什么权限时，使用此用户身份。

（13）ftpd_banner=welcome to blah ftp service

此参数定义了 login banner string（登录欢迎语字符串），用户可以自行修改。

（14）chroot_list_enable=yes/no

锁定某些用户在用户主目录中。即当这些用户登录后，不可以转到系统的其他目录，只能在用户主目录（及其子目录）下。具体的用户在 chroot_list_file 参数指定的文件中列出。默认值为 no。

（15）chroot_list_file=/etc/vsftpd.chroot_list

指定被锁定在用户主目录中用户的列表文件。文件格式为一行一用户。通常该文件是 /etc/vsftpd.chroot_list。

（16）userlist_enable=yes/no

此选项被激活后，vsftp 将读取 userlist_file 参数所指定的文件中的用户列表。

A.4 DNS 服务器配置参数详解

1. 常用子句说明

（1）type   [master / slave / hint]

DNS 服务器类型说明语句。

type   master

表示此服务器为主 DNS 服务器。

type   slave

表示此服务器为辅助 DNS 服务器。

type   hint

表示此服务器启动时初始化为高速缓存 DNS 服务器。

（2）file

设置服务器资源文件名。扩展名为.zone，即列出存放 zone 数据的文件名。

（3）allow-update

定义允许动态更新该 zone 数据的客户机。

（4）zone   "."   {

}

设置根区域。

（5）zone   "example.com"   {

}

设置主区域。

（6）zone   "0.168.192.in-addr.arpa"   {

}

设置反向解析区域。反向解析的域名必须以.in-addr.arpa 来结尾。

2. 资源记录

（1）$ttl

定义允许客户端缓存来自查询数据的默认时间，单位秒。通常放在第一行。

(2) SOA

SOA 是 Start of Authority（起始授权机构）的缩写，是主域名服务器区域文件中必须要设定的资源记录，一般紧跟在$ttl 选项后面，它表示创建它的 DNS 服务器是主要名称服务器。SOA 资源记录定义了域名数据的基本信息和其他属性（更新或过期间隔），主要包含以下项。

origin

这个域的主域名服务器的规范主机名。用点"."结尾的绝对主机名。

contact

负责维护这个域的人的电子邮件联系地址。因为@在资源记录中有特殊的意义，所以用点"."代替这个符号。

serial

设置序列号。它是一个整数。

refresh

设置更新间隔。辅助域名服务器在试图检查主域名服务器的 SOA 记录之前应等待的秒数。

retry

设置重试间隔。辅助服务器在主服务器不能使用时，重试对主服务器的请求应等待的秒数。通常，它应该按分进行设置。

expire

设置过期时间。这是辅助服务器在不能与主服务器取得联系的情况下丢掉区信息之前应等待的秒数，一般应该设置成 30 天左右。

minimum

设置最小默认时间 ttl。当没有指定 ttl 资源记录时默认的 ttl 值。如果网络没有太大的变化，那么这个数可以设得很大。

(3) A

将主机名转换为地址。这个字段保存以点分隔的十进制形式的 IP 地址。任何给定的主机都只能有一个 A 记录，因为这个记录被认为是授权信息。这个主机的任何附加地址名或地址映射必须用 CNAME 类型给出。

(4) CNAME

给定一个主机的别名，主机的规范名字是在 A 记录中指定的。

(5) MX

建立邮件交换器记录。MX 记录告诉邮件传送进程把邮件送到另一个系统，这个系统知道如何将它递送到它的最终目的地。

(6) NS

标识一个域的域名服务器。NS 资源记录的数据字段包括这个域名服务器的 DNS 名。还需要指定与该名字服务器的地址和主机名相匹配的 A 记录。

(7) PTR

只能在反向解析区域文件中出现，将地址变换成主机名，和 A 的作用相反。主机名必须是规范主机名。

A.5　Apache 服务器配置参数详解

（1）serverroot　"/etc/httpd"
用于指定守护进程 httpd 的运行目录。
（2）pidfile　run/httpd.pid
用来记录 httpd 执行时的 PID 数目（process ID）
（3）timeout 300
定义客户端和服务器的连接超时间隔，超过这个间隔（秒）后服务器将断开与客户机的连接。
（4）keepalive　off
请求服务器保持持续性的连接。有 on 或 off 两个值可以设置，分别用于打开和关闭设置。
（5）maxkeepaliverequests 100
客户端与服务器进行连接后，允许建立的最大请求数目。
（6）keepalivetimeout 15
测试以下连接中的多次请求传输之间的间隔秒数。如果服务器已经完成了一次请求，但一直没有接受到客户端的下一次请求，在间隔超过了这个参数设置的值之后，服务器断开连接。
（7）listen 80
用来设置 httpd 监听客户端请求的 IP 地址和连接端口号。
（8）include　conf.d/*.conf
包含由/etc/httpd/conf.d 目录中加载的配置文件。
（9）user　apache 或 group　apache
以不同的用户或组身份执行 httpd，此处以 apache 身份。
（10）serverAdmin　root@localhost
设置管理员的 E-mail 地址。
（11）documentRoot　"/var/www/html"
Apache 服务器主目录的默认路径为/var/www/html，可以将需要发布的网页放在这个目录下。
（12）userdir　disable
可用来在 Apache 服务器中建立每个用户专门的个人网页。
（13）directoryIndex　index.html　index.html.var　ceshil.html　ceshi2.html
设置默认文档。默认文档是指在 Web 浏览器中键入 Web 站点的 IP 地址或域名即显示出来的 Wcb 页面。
（14）accessFileName　.htaccess
指定每个目录中，用来记录访问控制信息的文件。
（15）errorLog　logs/error_log
记录客户端加载网页时发生的错误，以及关闭或启动 httpd 时的信息，保存在/var/log/httpd/error_log 中。

(16) logLevel   warn

设置记录到 error_log 文件中的信息数目。

(17) addDefaultCharset ISO-8859-1

在 HTTP 报头中的内容形式没有指定任何参数，则这个命令可用来加入响应网页的字符集的名称。

(18) \<directory   "/var/www/html"\>

    options indexes followsymlinks

包含许多可用来设置块功能的选项。

    allowOverride None

决定是否以此处的访问权限为主，而忽略先前的设置值内容。

    order allow, deny

决定使用 deny（拒绝连接到此目录）或 allow（允许连接到此目录）设置内容的优先级。

    allow from all

允许所有的 IP 地址、用户等都能访问。

\</directory\>

块表示设置服务器网页的根目录。

附录 B 期末考试样卷

样卷 A（开卷，考试时间：60 分钟）

一、填空题（每小题 2 分，共 20 分）

1. 从本机使用 telnet 命令登录到远程 Linux 计算机，需要的信息是（   ）。
2. 用 vi 编辑器建立文本文件时，进行（   ）操作就可以对该文本文件进行加密处理。
3. 安装 Linux 操作系统一般都需要安装的两个分区是（   ）。
4. 为了解锁普通用户 t1，超级用户 root 可以直接用文本编辑器修改 /etc 目录下的文件名为（   ）的文件来实现。
5. 使用硬盘，除了要对硬盘进行分区和建文件系统外，还要进行一项必不可少的操作是（   ）。
6. 建立 AA1 子目录的命令是（   ）。
7. 备份 /root/.bash* 到 AA1 子目录的命令是（   ）。
8. 测试本机与 IP 地址为 192.168.133.44 的 Linux 虚拟机的网络连通性的命令是（   ）。
9. 把一个 Linux 操作系统的安装光盘装载到 /mnt/aa 目录的命令是（   ）。
10. 杀死一个进程号为 123，进程名为 bin 的进程的命令是（   ）。

二、应用题（操作过程中用到的 Linux 命令必须完整给出，第 1 小题 20 分，第 2 小题 60 分，共 80 分）

1. 小王同学在 Window XP 操作系统下编辑了一个 Word 文档，保存在 C 盘，文件名为 WANG.doc。因为某种原因，要在另一台装有 Linux 操作系统的电脑上继续完成该文档的编辑、打印等工作。简述操作过程。（20 分）

2. 现有一个 Linux 实验室，有 1 台 Linux 服务器和 48 台 Linux 客户机，分别安装有 Red Hat Linux 9.0 的服务器版和个人桌面版。Linux 服务器的 IP 地址设为 192.168.0.1，掩码设为 255.255.0.0。要使该 Linux 服务器具有 DHCP 服务器的功能，使得 Linux 客户机的 IP 地址能自动地设置为 192.168.1.100～192.168.1.120。回答下列问题。

（1）简述一种设置 Linux 服务器 IP 地址的方法。（10 分）
（2）简述一种启动 Linux 服务器的方法。（10 分）
（3）简述 Linux DHCP 服务器的配置和测试方法。（40 分）

样卷 B（开卷，考试时间：60 分钟）

一、判断题（每小题 2 分，共 20 分）

1. Linux 不支持 vfat 文件系统。
2. shell 是一个命令解释器。
3. Samba 支持 Linux 操作系统的文件共享，不支持 Linux 操作系统和其他操作系统之间的文件共享。
4. FTP 服务所采用的 TCP/IP 协议的端口号是 TCP80。
5. 基于 IP 地址的虚拟主机需要一个服务器装有多个网卡。
6. 现在的 DHCP 技术还不能为多网段提供 DHCP 服务。
7. 在 Apache 服务器中，Web 站点的 Web 文件必须存放在/var/www/html 下。
8. 在 Linux 的安装过程中可以进行网络配置。
9. Linux 不可以与 MS-DOS，OS/2 和 Windows 等其他操作系统共存于同一台机器上。
10. 通过 rpm qa |grep vsftpd 命令可以检查系统是否已经安装了 vsftpd 软件。

二、应用题（操作过程中用到的 Linux 命令必须完整给出，第 1 小题 20 分，第 2 小题 60 分，共 80 分）

1. 现有一个 Linux 应用系统安装在目录/usr/wang20091001 下，现在想做一个备份，压缩后复制到 U 盘中。简述操作过程。（20 分）

2. 现有一个 Linux 实验室，有 1 台 Linux 服务器和 48 台 Linux 客户机，分别安装有 Red Hat Linux 9.0 的服务器版和个人桌面版。Linux 服务器的 IP 地址设为 192.168.0.1，掩码设为 255.255.0.0。要使该 Linux 服务器具有 FTP 服务器的功能，使得 Linux 客户机的用户能下载/var/ftp/pub 中的文件，并且 Linux 客户机的注册用户还能上传文件到/var/ftp/upload 目录中。回答下列问题。

（1）简述一种设置 Linux 服务器 IP 地址的方法。（10 分）

（2）简述一种启动 Linux 服务器的方法。（10 分）

（3）简述 Linux FTP 服务器的配置和测试方法。（40 分）

参 考 文 献

[1] 林慧琛，刘殊，尤国君. Red Hat Linux 服务器配置与应用. 北京：人民邮电出版社，2006.
[2] 刘加海，孔美云. Linux 网络管理员实用教程. 北京：科学出版社，2007.
[3] http://bbs.cfanclub.net/index.php.
[4] http://bbs.linuxeden.com.
[5] http://www.lupa.gov.cn.
[6] http://www.redflag-linux.com/d.
[7] http://download.gd-emb.org/download/id-3900.html.
[8] http://dl_dir.qq.com/linuxqq/linuxqq_v1.0.2-beta1_i386.tar.

参考文献

[1] 作者姓名. 书名[M]. 出版地: 出版社, 出版年.
[2] 作者. 文章标题[J]. 期刊名, 年, 卷(期): 页码.